# 飞机复合材料结构修理

主编　虞浩清　刘爱平

中国民航出版社

**图书在版编目（CIP）数据**

飞机复合材料结构修理 / 虞浩清，刘爱平主编. —北京：
中国民航出版社，2010（2021.12 重印）
ISBN 978-7-80110-997-2

Ⅰ.①飞… Ⅱ.①虞…②刘… Ⅲ.①飞机 - 复合材料 -
维修 Ⅳ.① V267

中国版本图书馆 CIP 数据核字（2010）第 167291 号

飞机复合材料结构修理

虞浩清　刘爱平　主编

| | |
|---|---|
| **责任编辑** | 姚祖梁　杨玉芹 |
| **出　　版** | 中国民航出版社（010）64279457 |
| **地　　址** | 北京市朝阳区光熙门北里甲 31 号楼（100028） |
| **排　　版** | 中国民航出版社录排室 |
| **印　　刷** | 北京金吉士印刷有限责任公司 |
| **发　　行** | 中国民航出版社（010）64297307　64290477 |
| **开　　本** | 787 × 1092　1/16 |
| **印　　张** | 16 |
| **字　　数** | 360 千字 |
| **版 印 次** | 2010 年 9 月第 1 版　2021 年 12 月第 8 次印刷 |

| | |
|---|---|
| **书　　号** | ISBN 978-7-80110-997-2 |
| **定　　价** | 36.00 元 |

**官方微博**　http://weibo.com/phcaac
**淘宝网店**　https://shop142257812.taobao.com
**电子邮箱**　phcaac@sina.com

# 内 容 提 要

　　本教材是根据广州民航职业技术学院飞机结构修理专业人才培养方案而编写的，其内容涵盖了民航工人技术等级标准及培训大纲中对飞机复合材料修理工的应知应会要求，并且满足了民用航空器部件修理人员执照考试大纲和民用航空器维修基础培训大纲对复合材料知识与技能的要求。

　　全书共十一章，主要介绍复合材料在大型民用飞机上的应用，飞机复合材料结构的类型及识别；复合材料结构的原材料；复合材料结构件的成形工艺；飞机复合材料修理的常用工具、设备及其使用；飞机复合材料结构件的常见损伤及其检测；飞机复合材料结构的修理准则和修理方法；飞机复合材料层合板结构件的修理工艺；飞机复合材料夹芯结构件的修理工艺；金属粘接修理；飞机复合材料表面防静电层的修理工艺和飞机其他非金属件的修理工艺等内容。

　　本书适合作为高等职业院校飞机维修类专业的教材，也可作为民用航空器维修基础执照培训的参考教材和飞机结构修理专业工程技术人员的参考书。

# 前　言

目前，全国高等职业教育改革正在进行，教材的改革与创新是高等职业教育改革的重要内容之一。本教材是在学习先进职业教育教学理论以及对飞机复合材料结构修理职业岗位典型工作任务调研和分析的基础上，基于行业标准，按照广州民航职业技术学院"飞机结构修理专业人才培养方案"和"飞机复合材料结构修理"课程标准要求而编写的。本教材的内容涵盖了民航工人技术等级标准及培训大纲中对飞机复合材料修理工的应知应会要求，并且满足了民用航空器维修基础培训大纲，民用航空器机型、部件修理项目培训大纲和民用航空器部件修理人员执照考试大纲对复合材料知识与技能的要求。

本教材为校企合编教材，集中了学校和企业的优势。在编写过程中，编者注重突出飞机复合材料结构修理的基本知识和基本技能的培养，同时，将自己的实践经验融入到教材内容之中，力求做到让学习者学完这门课程后，能够具有解决飞机复合材料结构修理的知识和动手操作技能。然而，理论知识是可以传授的，但操作技能是无法传授的，只能靠训练。因此，本课程还设置了复合材料修理技能训练。在本教材中，理论课程讲授与实作技能训练相结合，每一章都设置了训练项目。另外，在实际的飞机复合材料结构修理工作中，常常需要阅读英文版的图纸和手册等资料，为加强学生专业英语阅读能力的培养，本教材对常用的专业术语和名词给出了英文的表达，以让学生对英文专业单词的学习达到积少成多、提高专业英语阅读能力的目的。

本教材由广州民航职业技术学院虞浩清和广州飞机维修工程有限公司刘爱平主编，参编人员有张望东、李家宇、邝卓军、龚友根、李健。各章节的编写具体为：刘爱平编写第4、10章；张望东编写第7章；张望东和李健编写第9章；邝卓军编写第11章；虞浩清编写绪论；李家宇和虞浩清编写第1章；李家宇编写第2、3章；龚友根和虞浩清编写第5、6章；中国东方航空江苏有限公司飞机维修部李健编写第8章；全书由虞浩清统稿。教材封面摄影由辛新提供。

本教材由中国民用航空局特聘结构专家、广州飞机维修工程有限公司副总工程师赵日升高级工程师主审。赵日升高级工程师在百忙之中对书稿进行了认真的审阅，并且提出了非常宝贵的建议，在此表示最诚挚的感谢。另外，广州飞机维修工程有限公司工程部结构工程师姜泽锋也对教材提出了改进意见和建议，在此表示衷心感谢。

本教材在编撰过程中，参考并引用了大量国内外的文献资料和有关教材，恕未能在书中一一注明，在此，对原作者深表谢意。

编写一本在结构上符合高职教育教学规律、在内容上满足飞机复合材料结构修理岗位需求的教材是我们最大的愿望。限于编者的知识水平和经验，书中难免会出现错误或不妥之处，恳请读者、同行批评指正，以便于今后本教材的修订。

最后请各位读者注意：本教材的内容仅供培训用。当具体修理某一型号飞机的复合材料结构时，应以该机型的修理手册（SRM、AMM 和 CMM 等）规定的工艺方法和规范为准。

编者

2010 年 7 月

# 目　录

# 绪　论

## 一、本课程的性质和任务

本课程是飞机结构修理专业的一门主要的专业技术课程。

本课程的主要任务是介绍飞机复合材料结构、飞机复合材料结构的损伤及其检测、飞机复合材料结构的修理准则、飞机复合材料层合板结构与蜂窝夹芯结构的修理工艺以及金属件粘接修理等知识，并且通过相应的技能训练项目实训，使学生具有解决飞机复合材料结构修理的知识和动手操作技能。

## 二、本课程的教学内容和教学目标

本课程的主要教学内容有：飞机复合材料结构和原材料的识别与保管、飞机复合材料结构的制造工艺、常用工具设备的使用和保管、复合材料损伤的检测方法、复合材料层合板损伤的修理、复合材料蜂窝夹芯结构损伤的修理、复合材料表面防静电层损伤的修理和金属件粘接修理等八个学习项目的知识与技能项目训练。

本课程的教学目标是使学生具备以下知识、技能和素质：

（1）了解和掌握飞机常用复合材料结构的类型、构造和受力特性，飞机常用复合材料原材料的种类、特性及应用，能够正确识别和保管飞机常用的复合材料结构和原材料；

（2）了解飞机复合材料结构（件）的成形工艺；

（3）了解和熟悉飞机复合材料结构常用的修理工具、设备及其应用，能够正确选用和使用常用的飞机复合材料结构修理的工具与设备；

（4）熟悉并能遵守飞机复合材料结构修理的安全生产规则以及做好个人安全防护工作；

（5）熟悉飞机复合材料结构（件）损伤的检测方法、特性及其应用场合，能应用目视检测法和敲击法检测复合材料的损伤；

（6）熟悉和掌握飞机复合材料层合板结构（件）的修理工艺，能够应用合适的修理方法，正确修理复合材料层合板的损伤；

（7）熟悉和掌握飞机复合材料夹芯结构（件）的修理工艺，能够应用合适的修理方法，正确修理复合材料夹芯结构的损伤；

（8）熟悉和掌握飞机复合材料结构表面防静电层的修理工艺，能够修理复合材料结构表面防静电层的损伤；

（9）熟悉和掌握飞机金属件粘接修理工艺，能够实施飞机金属件粘接修理；

（10）熟悉和掌握飞机塑料和橡胶结构件的修理工艺，能够实施飞机塑料和橡胶结构件的修理；

（11）培养科学、诚信、敬业、严谨的工作态度和较强的安全、质量、效率及环保意识，从而具有良好的职业道德素质，并使学生逐步具备民航机务作风所要求的"敬业爱岗、诚信务实、认真负责、遵章守纪、严谨规范、精益求精、吃苦耐劳、团结协作"的精神。

### 三、本课程的教学安排及建议学时

本课程安排在第五学期。其先行课程主要有：英语、工程制图、航空材料学、工程力学、航空机械基础、飞机修理钣铆技术、飞机结构图纸识读与飞机结构修理手册使用和飞机结构修理等课程；后续课程有：飞机客舱设施修理和企业顶岗复合材料修理车间实习。

本课程建议采用理实一体教学法进行教学。建议理论授课 46 学时、实训 66 学时，共计 112 学时（4 周）。具体教学安排如下表：

| 序号 | 学习项目 | 教学目标 | 学习内容与训练项目 | 学时 |
|---|---|---|---|---|
| 1 | 飞机复合材料结构及其原材料的识别与保管 | 使学生了解和熟悉飞机复合材料结构及其原材料的种类、构造、特性、应用、保管和贮存等知识；了解飞机复合材料结构（件）的成形工艺；能够正确识别和保管飞机常用的复合材料结构和原材料 | 一、学习内容<br>第 1 章 飞机复合材料结构的识别<br>第 2 章 飞机复合材料结构的原材料<br>第 3 章 复合材料结构件的成形工艺 | 10 |
|  |  |  | 二、训练项目<br>飞机复合材料原材料和结构类型的识别 | 2 |
| 2 | 飞机复合材料修理常用工具、设备及其使用 | 了解和熟悉各种复合材料常用修理工具、设备的构造、功能、应用范围及使用注意事项；能够正确使用复合材料修理的工具和设备 | 一、学习内容<br>第 4 章 飞机复合材料修理常用工具、设备及其使用 | 6 |
|  |  |  | 二、训练项目<br>上述修理工具和设备的识别与使用 | 4 |
| 3 | 飞机复合材料结构（件）损伤检测 | 熟悉和掌握复合材料结构常见损伤的类型，损伤常用的检测方法、特点及其应用，能够用目视和敲击法检测复合材料结构件的损伤 | 一、学习内容<br>第 5 章 飞机复合材料结构常见损伤及其检测 | 4 |
|  |  |  | 二、训练项目<br>1. 目视检测飞机复合材料结构损伤<br>2. 敲击法检测飞机复合材料结构损伤 | 2 |
| 4 | 飞机复合材料层合板损伤修理 | 掌握飞机复合材料层合板损伤的修理工艺与修理操作技能 | 一、学习内容<br>第 6 章 飞机复合材料结构修理准则和修理方法<br>第 7 章 飞机复合材料层合板结构件的修理 | 6 |
|  |  |  | 二、训练项目<br>1. 切割和打磨去除复合材料层合板的损伤<br>2. 湿铺层法修理复合材料层合板 | 20 |

续表

| 序号 | 学习项目 | 教学目标 | 学习内容与训练项目 | 学时 |
|---|---|---|---|---|
| 5 | 飞机复合材料蜂窝夹芯结构损伤修理 | 掌握飞机复合材料夹芯结构损伤的修理工艺与修理操作技能 | 一、学习内容<br>第8章 飞机复合材料蜂窝夹芯结构的修理 | 6 |
| | | | 二、训练项目<br>1. 复合材料蜂窝夹芯结构的修理<br>2. 飞机主操纵面的平衡检测与配平 | 22 |
| 6 | 飞机复合材料表面防静电层损伤修理 | 了解飞机复合材料表面防静电层的种类、作用；掌握飞机复合材料表面防静电层的修理方法及其注意事项 | 一、学习内容<br>第9章 飞机复合材料表面防静电层的修理 | 4 |
| | | | 二、训练项目<br>飞机复合材料表面防静电层的修理 | 6 |
| 7 | 金属件粘接修理 | 了解飞机结构修理常用胶粘剂的种类、牌号、特性与应用，掌握金属件粘接修理方法 | 一、学习内容<br>第10章 金属粘接修理 | 6 |
| | | | 二、训练项目<br>金属件粘接修理 | 6 |
| 8 | 飞机其他非金属件的修理 | 了解飞机塑料件和橡胶件的应用与常见损伤，掌握飞机常见塑料件和橡胶件的修理 | 一、学习内容<br>第11章 飞机其他非金属件的修理 | 4 |
| | | | 二、训练项目<br>1. 塑料件修理<br>2. 橡胶件修理 | 4 |

### 四、本课程学习注意事项

（1）要注重理论知识的学习，根据需要及时复习相应的先修课程，努力掌握飞机复合材料结构修理的工艺知识并将所学知识用于指导实践。

（2）由于波音系列飞机采用英制单位，空客飞机系列采用公制和英制单位，所以，学习时应注意公制与英制单位的区分，不要搞错单位。

（3）谨记：修理技能只能靠自己动手实践习得。同时，注意在实训中善于动脑，用脑指挥动手。

（4）实作训练时，注意遵守操作工艺规程，确保安全生产。

（5）学习本课程的过程中，学生要有意识地锻炼和培养自己的机务作风，努力使自己具备良好的职业道德素质。

# 第1章 飞机复合材料结构的识别

## 1.1 复合材料在现代民用飞机上的应用

### 1.1.1 复合材料的定义、命名及种类

复合材料（Composite Materials）是由两种或两种以上不同物理和化学性质的组分材料，经人工复合而成的、各组分材料之间具有明显界面的且具有新性能的材料。

通常也可以认为，复合材料由增强材料和基体材料组成。根据这个定义，稻草与泥土构成的土坯、钢筋与水泥沙石构成的混凝土和帘子线与橡胶构成的轮胎以及玻璃纤维与树脂构成的玻璃钢等都属于复合材料范畴。本教材主要讨论目前广泛用于现代飞机结构的先进复合材料。先进复合材料（Advanced Composites）是指以碳纤维、芳纶纤维、硼纤维或高性能的玻璃纤维为增强材料构成的比强度和比模量较高的复合材料。先进复合材料的比刚度和比强度性能相当或优于铝合金，甚至高于强度钢。

复合材料的命名方法是将增强材料名称放在前面，基体材料放在后面，最后再缀以"复合材料"。例如，由碳纤维与环氧树脂复合构成的复合材料，通常被称为"碳纤维环氧树脂复合材料"。为简便起见，也可只写增强材料和基体材料的缩写，并在两者之间加一斜线或短杠隔开，再加上"复合材料"。例如，碳纤维环氧树脂复合材料可简写或者简称为"碳/环氧复合材料"或者"碳-环氧复合材料"。

复合材料的种类有很多，其常见的分类方法有以下四种。

（1）按增强纤维类型分类

- 碳纤维复合材料（CFRP）：以碳纤维为增强纤维构成的复合材料。
- 芳纶纤维复合材料（AFRP）：以芳纶纤维为增强纤维构成的复合材料。
- 玻璃纤维复合材料（GFRP）：以玻璃纤维为增强纤维构成的复合材料。
- 硼纤维复合材料（BFRP）：以硼纤维为增强纤维构成的复合材料。
- 陶瓷纤维复合材料：以陶瓷纤维为增强纤维构成的复合材料。

（2）按基体类型分类

- 非金属基复合材料：分别以树脂、陶瓷材料、碳等为基体构成的复合材料。树脂基复合材料是分别以各种树脂为基体材料构成的复合材料，如环氧树脂基复合材料、酚醛树脂基复合材料和聚酰亚胺树脂复合材料等。

- 金属基复合材料（MMC）：以金属为基体构成的复合材料，如铝基复合材料、钛基复合材料和铜基复合材料等。

（3）按增强材料的几何形状分类

- 长纤维（连续）增强复合材料：增强纤维以与构件等长的形式出现在构件中构成的复合材料。

- 短纤维增强复合材料：增强纤维材料以短小的纤维无规则地分散于基体材料中构成的复合材料。

- 颗粒增强复合材料：增强材料以微小颗粒（如铝粉、酚醛小球等）的形式无规则地分散于基体材料中构成的复合材料。

（4）按同一复合材料构件中含有增强材料种类的数量分类

- 单一复合材料：同一复合材料构件中只含有一种增强材料的复合材料，称为单一复合材料。单一复合材料无须特别说明。

- 混杂复合材料（Hybrid Composites）：同一复合材料构件中含有两种或两种以上的纤维混合或不同纤维的铺层混合构成的复合材料称为混杂复合材料。混杂复合材料需注明由哪几种增强材料混杂。

## 1.1.2　复合材料的特性

复合材料是由多种组分材料人工复合而成的，由于复合效果使其组分材料的性能互补并产生叠加效应，因此可产生一些原组分材料所不具备的优异性能。先进复合材料主要具有以下几个特性。

### 1. 比强度和比模量高

拉伸强度与密度之比称为比强度，弹性模量与密度之比称为比模量。比强度和比模量是度量材料承载能力的一个极其重要的指标。复合材料与金属材料相比，具有高比强度和比模量。例如，铝合金的比强度和比模量分别是 0.17 和 0.26，而碳纤维环氧树脂复合材料的比强度和比模量分别是 0.63 和 1.50。因此，在飞机上采用复合材料结构，可以减轻飞机重量。一般说来，用复合材料结构代替铝合金结构，可以减轻 20% 或更多的重量。减重是复合材料最重要的优点。

### 2. 具有可设计性

复合材料的性能除了取决于纤维和基体本身的性能外，在很大程度上还取决于纤维的含量和铺层方式。因此，可以根据构件的实际需要，通过选择组分材料以及铺层设计对复合材料本身进行优化设计。例如，承受内压作用的圆筒，其环向应力是纵向应力的两倍。因此，在铺层设计时，可以按 2:1 的比例在环向与纵向铺设纤维。

## 3. 抗疲劳性能好

疲劳破坏是材料在交变载荷的作用下，由于裂纹的形成和扩展而产生的低应力破坏。复合材料中纤维与基体的界面可以使扩展裂纹尖端变钝或改变方向，从而能阻止裂纹迅速扩展，此外，树脂基复合材料对缺口、应力集中的敏感性小，所以复合材料具有较好的抗疲劳性能。复合材料的抗疲劳性能优于金属材料。大多数金属材料的疲劳极限是其拉伸强度的 40%～50%，而碳纤维聚酯树脂复合材料的疲劳极限可达其抗拉强度的 70%～80%。

## 4. 抗腐蚀性能好

复合材料具有优良的抗腐蚀性能。很多种复合材料具有优异的抗酸碱腐蚀能力。例如，玻璃纤维酚醛树脂复合材料可在含氯离子的酸性介质中长期使用。

## 5. 减振性能好

结构的自振频率除了与结构本身的形状有关外，还与材料比模量的平方根成正比。因为复合材料的比模量高，所以，其自振频率也高，可以避免构件在一般工作状态下产生共振。另外，复合材料的纤维与基体的界面具有较大的吸振能力，即使产生了振动也会很快衰减下来。因此，复合材料减振性能良好，不容易产生振动破坏。

## 6. 电性能好

复合材料具有优良的电性能。通过选择不同的树脂基体、增强材料和辅助材料，可以将其制成绝缘材料或导电材料。例如，玻璃纤维增强的树脂基复合材料具有优良的电绝缘性能，并且不受电磁作用，不反射无线电波，微波透过性能良好。复合材料通过原材料的选择和适当的成形工艺可以制成导电复合材料，如金属基复合材料具有良好的导电和导热性能。

## 7. 破损安全性好

纤维增强复合材料中有大量独立的纤维，存在多传力路线，当构件有少量纤维断裂时，其载荷会通过基体受剪传到其他没有断裂的纤维上。

## 8. 冲击韧性差

复合材料比较脆，抗冲击载荷能力差，甚至低能量的冲击也会使材料产生内部损伤。

## 9. 层间强度低

复合材料的层间强度低，易产生分层破坏，从而降低其承载能力。

## 1.1.3 复合材料在现代民用飞机上的应用

复合材料由于具有重量轻、强度高、刚度好和不易腐蚀等优点，在现代大型民用飞机结构中得到较多的应用。目前，复合材料主要用于制作现代大型民用飞机上的雷达罩、整流罩、起落架舱门、扰流板、副翼、襟翼导轨整流罩、升降舵和方向舵等机体结构件以及客舱的地板、装饰面板和盥洗室结构、货舱侧壁板和顶板等内部结构件。

下面以波音 737-300 飞机为例，看看复合材料在该大型民用飞机上的应用，如图 1.1 所示。波音 737-300 飞机的雷达罩(Nose Radome)、发动机整流罩(Engine Cowlings)、机翼与机身结合处的整流罩(Wine-to-Body Fairing)、机翼翼尖整流蒙皮、机翼前缘外侧上下固定蒙皮、机翼后缘外侧上固定蒙皮、副翼及调整片、扰流板、襟翼导轨整流罩、起落架舱门、垂直安定面翼尖、垂直安定面后缘壁板、方向舵(Rudder)、水平安定面翼尖、水平安定面后缘上蒙皮壁板、升降舵(Elevator)、机身尾锥、客舱地板、货舱壁板、货舱隔框、发动机吊架整流罩、发动机进气道整流罩和发动机风扇整流罩等构件都是复合材料结构件。复合材料在波音 757、波音 767 和波音 777 飞机以及空客 A320 系列飞机上的应用大致与波音 737 飞机相似，只是应用的范围更广一些，所占飞机结构总重的比例更大一些，例如，波音 777 飞机的复合材料用量占结构总重的 11% 左右，空客 A340 的复合材料用量达 1100kg 之多，占结构总重的 13%。目前，对于这些现代大型民用飞机而言，复合材料主要还是用于承受和传递局部气动载荷的次要结构和内部结构上。

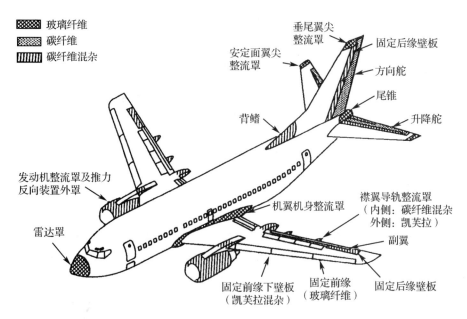

注：起落架舱门为玻璃纤维/碳纤维混杂复合材料。

图 1.1 复合材料在波音 737-300 飞机上的应用

　　随着复合材料及其成形工艺技术的发展，复合材料也开始应用于大型民用飞机的主承力结构上而且用量也越来越多。最新的大型民用飞机，除了上述机体结构件和内部构件采用复合材料外，飞机机身、隔框以及机翼等主要结构也都采用了复合材料。例如，世界上第一架将复合材料用于中央翼盒的大型民用飞机空客 380 的中央翼盒、翼肋、机身上蒙皮壁板、机身后段、机身尾段、地板梁、后承压框、平尾和垂尾等大型主承力构件都采用复合材料制作，其复合材料用量占飞机结构总重的 25% 左右。又如，最新一代民航客机波音 787 飞机，其机身、机翼等主要的部件以及垂尾、平尾和地板梁等构件都采用复合材料制作，其复合材料用量占飞机结构总重的 50%。

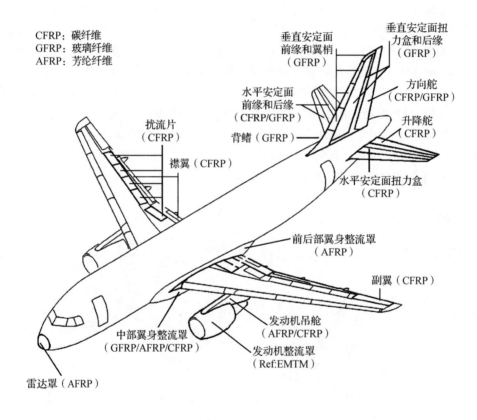

注：前起落架舱门（CFRP），主起落架舱门（CFRP），其他未注明部件请参见 SRM。

图 1.2　复合材料在空客 320 飞机上的应用

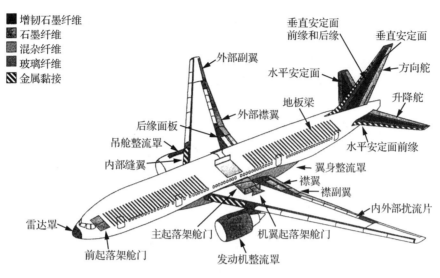

图 1.3　复合材料在波音 777 飞机上的应用

## 1.1.4　复合材料在飞机上应用的发展趋势

### 1. 复合材料在飞机上的用量日益增多

纵观复合材料在民用飞机上的应用与发展，无论是波音公司还是空中客车公司，随着时间推移，新型号的大型民用飞机的复合材料用量都呈增长趋势。以空客系列飞机复合材料用量所占结构总重的比例为例，其复合材料的用量按机型逐步增长，如图 1.4 所示。正在研制的空客新一代超宽体客机 A350XWB 的复合材料用量占结构总重的比例预计达到 52%。

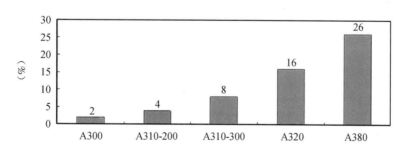

图 1.4　空客系列飞机复合材料用量所占结构总重之比

## 2. 应用部位由次承力结构向主承力结构过渡

20世纪70年代至90年代初生产的大型民用飞机采用复合材料制造的构件主要是雷达罩、整流罩、起落架舱门和飞机操纵面等次承力结构。但是自从20世纪90年代中期起，复合材料开始应用于大型民用飞机的机翼、机身等主要承力结构，并向主承力结构过渡。

从1982年开始用复合材料制造飞行操纵面（如A310-200飞机的升降舵和方向舵），空客公司在主承力结构上使用复合材料已有20多年的经验。在A380上采用碳纤维复合材料的大型构件主要有中央翼盒、翼肋、机身上蒙皮壁板、机身后段、机身尾段、地板梁、后承压框、垂尾等，大量的主承力结构都采用了复合材料。波音787对于复合材料的应用则更让世人瞩目，其机身和机翼部位采用碳纤维增强层合板结构代替铝合金；发动机短舱、水平尾翼和垂直尾翼、舵面、翼尖等部位采用碳纤维增强夹芯板结构；机身与机翼衔接处的整流蒙皮采用玻璃纤维增强复合材料。与A380相比，其用量更大，主承载部位的应用更加广泛，它是世界上目前采用复合材料最多的大型商用喷气客机。

## 3. 复合材料在复杂曲面构件上的应用越来越多

飞机上复杂曲面零件很多，复合材料的应用也越来越多。比如A380机身19段和球面后压力隔框等均为采用复合材料制造的、具有复杂曲面的大尺寸受力组件，它们分别采用纤维铺放技术和树脂膜渗透（RFI）工艺制造。在大型复杂曲面构件上应用复合材料最典型的例子，当属洛克希德·马丁公司在JSF项目中的复合材料进气道。采用纤维铺放技术制造的JSF进气道，通道截面沿S形轴线由矩形向圆形过渡，同时直径逐渐变小，形状非常复杂。该进气道由4部分碳/环氧复合材料结构组成，采用夹芯结构增强刚度，实现减重并降低了成本。

## 4. 构件向整体成型、共固化方向发展

飞机上大量采用复合材料的一个主要目的就是减重，而复合材料构件的共固化、整体成型能够成形大型整体部件，可以明显减少零件、紧固件和模具的数量。减少装配是复合材料结构减重的重要措施，也是降低成本的有效方法。例如，波音787飞机的机身由于采用了整体复合材料结构，减少了零部件数目，以及在制造和装配部件过程中的工时，从而大幅度降低成本。然而，当越来越多的功能被集成到单一部件中时，其复杂程度大大增加，这使设计和制造的难度加大，从而需要创新的设计、先进的制造技术和完善的质量保证体系。

## 1.2　飞机复合材料结构类型

现代民用飞机上所应用的复合材料，按其构造形式一般可分为两大类：层合结构和夹芯结构。层合结构的典型形式是复合材料层合板。在飞机结构中，复合材料夹芯结构的面板，复合材料翼盒结构的梁、肋、壁板、盒段和机身侧壁板等构件都采用层合板结构。

复合材料夹芯结构由上、下面板，夹芯与胶粘剂组成。目前，民航飞机的操纵舵面（副翼、升降舵和方向舵）、扰流板、雷达罩和客舱地板等均采用夹芯结构。

### 1.2.1　复合材料层合板结构

#### 1. 层合板的构造

层合板亦称为层压板（Laminate）、叠层板或实心层压板（Solid Laminate）以及整体层压板（Monolithic Laminate）。层合板是由若干层湿铺层或者预浸料铺层按照某种铺层设计以铺叠粘结的形式，经加温加压，固化而成的多层板材，如图 1.5 所示。

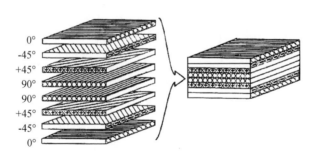

图 1.5　层合板的构造

湿铺层（Wet Layering）是指在工作现场，用树脂将干的纤维织布或者纤维浸渍后所形成的补片铺层。湿铺层另外还有一个动词含义，就是指用浸渍了树脂的纤维织布或者纤维进行铺层修理或者制作复合材料构件。预浸料（Prepreg/Pre-Impregnated Materials）是指预先浸渍了树脂的纤维或者织布。预浸料是半成品，市场有售。

层合板中的任一铺层又称为单层板，它是构成层合板的最基本的结构单元。单层板固化后的厚度一般约为 0.1~0.3mm。

单层板也可以看成由增强纤维材料和基体材料构成。单层板中的增强材料若是以纤维形态出现的，则该单层板被称为单向带或单向铺层；若以织布形态出现的，则该单层板被称为编织铺层或双向铺层。

单层板在微观上是一种不均匀的材料，而且各向异性，因此，由其组成的层合板在微观上也是一种不均匀的材料而且在不同方向上具有不同的力学性能。单向带只能承受和传递沿纤维方向的载荷。编织铺层或双向铺层的主要受力方向是沿经线的方向，其他方向也能承受一定的载荷。

### 2. 层合板的有关参数

为了使层合板能够满足工作的需要，层合板中的各铺层需要进行铺层设计。层合板的铺层设计参数主要包括设计铺层的总层数、各铺层的材料、铺层取向和铺设顺序等。

（1）层合板铺层的总层数

层合板铺层的总层数主要取决于层合板的承载状况，承载愈大，需要的层数就愈多。复合材料层合板构件少则有两层，多的则有上千层，例如，某复合材料翼梁构件有1000层之多。

（2）各铺层的材料

各铺层的材料根据层合板的承载大小、载荷类型、使用环境等综合考虑确定。各铺层的材料可以是同一种材料，也可几种材料混用。混杂复合材料经过合理设计，其不同的纤维可以起到互补作用，即以一种纤维的优点弥补另外一种纤维的弱点，从而得到综合性能较好的材料。例如，对于强度、刚度要求较高，又有抗冲击性能要求的结构，可设计采用碳纤维（抗冲击性能较差）中加入芳纶纤维（韧性较好，抗冲击性能高），通过层间或层内混杂，弥补碳纤维较脆的弱点，从而提高抗冲击性能。另外，碳纤维和芳纶纤维的热膨胀系数基本相同。因此，这两种纤维组成的混杂复合材料内应力很小，可忽略不计。这种混杂复合材料还具有重量轻的优点。

（3）铺层取向

设计或者修理层合板时，确定铺层的增强纤维方向与层合板构件的纵向（基准坐标 X）之间的角度称为铺层取向（Ply Orientation）。铺层取向可以用铺层角来表达。铺层的增强纤维方向与构件的纵向（基准坐标 X）之间的夹角称为铺层角。对单向带来说，增强纤维方向就是指其纤维方向；对编织铺层来说，增强纤维方向是指编织铺层的经线方向。通常，构件的纵向（基准坐标 X）是与构件的主要受力方向一致的。在复合材料构件的图纸上都会标注出构件的基准坐标以及各铺层的铺层角。修理复合材料构件时，常常需要查阅图纸或结构修理手册以便确定各铺层的铺层角。常用的铺层角度有0°、+45°、−45°和90°。图 1.6 中，横坐标 X 轴为构件的纵向（Longitudinal Direction），纵坐标 Y 轴为构件的横向（Transverse Direction）；图中线条代表增强纤维方向。当铺层的单向带纤维方向或织布的经线方向与 X 坐标轴平行一致时，就为 0°铺层角；当铺层的单向带纤维方向或织布的经线方向与 X 坐标轴垂直时，就为 90°铺层角；当铺层的单向带纤维方向或织布的经线方向与 X 坐标轴成逆时针方向 45°时，就为 +45°铺层角；当铺层的单向带纤维方向或织布的经线方向与 X 坐标轴成顺时针方向 45°时，就为 −45°铺层角，如图 1.6 所示。

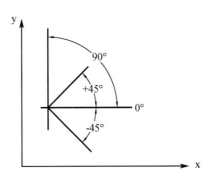

图 1.6　铺层取向与铺层角的示意图

（4）铺设顺序

铺设顺序（Ply Stacking Sequence）用以表达复合材料层合板构件制作时，铺层铺设的先后顺序。通常以紧贴模具型面的铺层作为第一铺层，由贴模面向外开始计数。层合板中，每一个铺层都有一个铺层编号。铺层编号的表达形式为：npm，其中，n：零件图号，p：铺层代号，m：铺层序号，从贴模面起计。铺层编号示例，如图 1.7 所示。铺层编号中的零件图号在不引起误解或者不产生歧义的情况下，可以不写出。

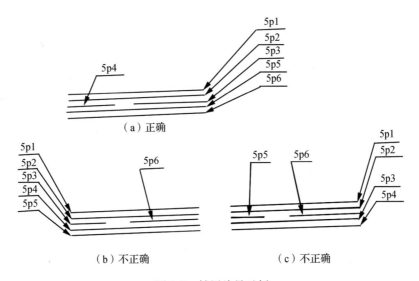

图 1.7　铺层编号示例

## 3. 层合板的种类

按照各铺层相对于中面的排列位置情况，层合板可分为对称层合板、反对称层合板和均衡层合板等几种。

（1）对称层合板

层合板内中面两侧对应位置的铺层材料相同，厚度和铺层角相等的层合板，称为对称层合板，如 $[0/90_2/0]$ 铺层的层合板。

（2）均衡层合板

铺层的材料与厚度相同，铺层角为 $+\theta$ 和 $-\theta$ 且铺层数相等的层合板为均衡层合板，如 $[+45_2/-45_2]$ 铺层的层合板。

（3）均衡对称层合板

既均衡又对称的层合板称为均衡对称层合板。

（4）反对称层合板

层合板内中面两侧对应位置的两个铺层材料和厚度相同，但铺层角相反的层合板，称为反对称层合板，如 $[0/45/-45/0]$ 铺层的层合板。

（5）一般层合板

对称层合板和反对称层合板以外的层合板称为一般层合板。

### 4. 层合板的标记

层合板可用图示表达法或者公式表达法来标记。这两种表达法具有同等的效力。图示表达法的优点是直观，能使层合板的铺层顺序及各铺层的铺层角一目了然。对于只有几层铺层的层合板来说，用图示法表达较适宜。但对于具有几百或者上千层铺层的层合板来说，图示表达法显然不是个好方法。公式表达法的优点是简便，但是不直观。对于具有几百或者上千铺层的层合板采用公式表达法来表示是项明智的选择。

图示法采用一个矩形框格表示一铺层，构件有几层铺层就画几个矩形框，同时在代表铺层的框格中标注铺层角，见表1-1中的图示表达法。

公式法把全部铺层以铺层角数字的形式写入中括号"［ ］"内，各铺层按由下向上或由贴膜面向外的顺序写出，各铺层的铺层角数字用"/"分开，同时根据需要标以下脚标、顶标等，以表达各铺层数、总铺层数、铺层材料和铺层顺序等，如表1-1中的公式表达法所示。

**表1-1 层合板的结构及其表示方法**

| 分类 | 图示表达法 | 公式表示法 | 说明 |
|---|---|---|---|
| 一般层合板 | 90<br>−45<br>0<br>45<br>0 | $[0/45/0/-45/90]$ | 1. 每一铺层的方向用铺层角表示，彼此用"/"分开，全部铺层用"［ ］"括上<br>2. 铺层按由下向上或由贴膜面向外的顺序写出 |

| 分类 | | 图示表达法 | 公式表示法 | 说明 |
|---|---|---|---|---|
| 对称层合板 | 偶数层 | 0 / 90 / 90 / 0 | $[0/90]_S$ | 对称铺层的偶数层层压板，对称铺层只写出一半，在括号外加下标 "S"，表示对称 |
| | 奇数层 | 0 / 45 / 90 / 45 / 0 | $[0/45/\overline{90}]_S$ | 对称铺层的奇数层层压板，在对称中面的铺层上加顶标 "—"，其余和偶数层相同 |
| 连续重复铺层的层合板 | | 90 / 45 / 45 / 0 / 0 | $[0_2/45_2/90]$ | 连续铺层的层数用数字下标示出 |
| 连续正负铺层的层合板 | | −45 / +45 / −45 / +45 / 0 | $[0/\pm45_2]$ | 连续正负铺层以 "±" 号表示，上面的符号表示第一个铺层 |
| 由多个子层合板构成的层合板 | | 90 / 0 / 90 / 0 / 90 / 0 | $[0/90]_3$ | 子层合板重复数用下标示出 |
| 由织物组成的层合板 | | 0，90 / ±45 | $[(\pm45)/(0,90)]$ | 织物的经纬方向用 "（ ）" 括起 |
| 混杂纤维层合板 | | $90_G$ / $45_K$ / $0_C$ | $[0_C/45_K/90_G]$ | 各纤维的种类用英文字母下标示出：C—碳纤维，K—芳纶，G—玻璃纤维，B—硼纤维 |
| 夹芯板 | | 0 / 90 / $C_4$ / 90 / 0 | $[0/90/C_2]_S$ | 用 C 表示夹芯，下标数字表示夹芯厚度的毫米数 |

### 5. 层合板的特性

由于单层板是复合材料的基础，因此往往用单层板的性能来表征复合材料的性能。通常在介绍复合材料的具体性能时，如不作特别说明，一般就指单层复合材料的性能。但应特别强调指出：单层复合材料的性能只是表征复合材料的性能，而绝不能表示整个复合材料层合板的性能。

复合材料层合板结构除了具有复合材料一般的特性外，如高比强度和比模量、优良的抗疲劳性能和减振性能、良好的高温性能和破损安全性能，其最显著的特点是力学性能的可设计性，即可以根据各方面的实际需要，通过纤维种类和纤维含量的选取、铺层方式和铺层角的设计，对层合板结构进行优化设计，从而获得实际结构所需的不同力学性能。比强度是指材料的拉伸强度与密度之比。比模量是指材料的弹性模量与密度之比。

此外，层合板结构的层与层之间是通过基体材料或其他胶粘剂连接的，因此，其层间的力学性能，尤其是剪切性能较低。故层合板结构件主要用来承受拉伸载荷，不能用在主要承受剪切载荷的部位，否则层合板容易出现分层。

### 6. 层合板的应用

单纯层合板在飞机结构中的应用并不多。层合板主要用作复合材料夹芯结构的面板、整流罩、货舱地板、侧壁板、蒙皮壁板、梁腹板、肋腹板等构件。另外，在复合材料夹芯结构的边缘处和安装紧固件处也都要采用层合板结构。

## 1.2.2 复合材料夹芯结构

### 1. 蜂窝夹芯结构的构造

复合材料夹芯结构是由上、下复合材料面板与芯材用胶粘剂粘结而成的整体结构，如图 1.8 所示。

面板通常是复合材料层合板。芯材有蜂窝芯、泡沫芯和波纹板芯等多种形式，其中用的最多的是蜂窝芯。蜂窝芯材有金属蜂窝芯材和非金属蜂窝芯材两大类。金属蜂窝芯材主要是铝合金蜂窝芯材，非金属蜂窝芯材有玻璃布蜂窝芯材、纸蜂窝芯材和 Nomex 蜂窝芯材等。

玻璃布蜂窝芯材是由玻璃布制成蜂窝，然后浸渍树脂固化而成的。玻璃布蜂窝芯材具有力学性能高、介电性能优异等特点，除了在一般结构上应用之外，广泛应用于雷达罩和其他无线电天线罩等要求电磁波穿透性能好的夹芯结构中。

Nomex 蜂窝芯材是由聚芳酰胺纸（芳纶纸）浸渍酚醛树脂经固化后制成。其孔格形状以正六角形为主，使用也最为普遍，也有一部分是孔格形状呈长方形的过拉伸蜂窝。Nomex 蜂窝芯材具有密度小、成形性好、隔音、隔热、电绝缘、透电磁波和良好的自熄性能等特点，在飞机上常用作地板、舱内壁板和装饰板等夹芯结构件的芯材以及雷达罩芯材。

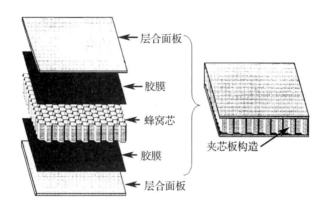

图 1.8　蜂窝夹芯结构组成示意图

纸蜂窝芯材由于其性能较低，在现代飞机结构中基本不用。

铝蜂窝芯材是用经磷酸阳极化处理并经浸渍防腐底胶的防锈铝箔涂芯条胶后拉伸制成，具有强度高、耐腐蚀等特点。铝蜂窝的制造和使用经验都比较成熟，且成本低，但是铝蜂窝与碳纤维复合材料的热膨胀系数相差太大（约两个数量级），因此，在加温固化制造中和在高低温交变环境下使用时，会产生较高的热应力；铝蜂窝与碳纤维复合材料面板接触时，还会产生电偶腐蚀。故目前民用飞机的蜂窝结构，很少采用碳纤维复合材料面板与铝蜂窝夹芯组合的蜂窝结构。

蜂窝芯材的结构形式有六角型蜂窝、柔性蜂窝和过拉伸蜂窝等，如图 1.9 所示。在实际应用中，大部分采用的是六角形蜂窝芯材。柔性蜂窝用于铺双曲面构型，如雷达罩构件等。过拉伸蜂窝主要应用于具有单曲面的夹层结构件中。

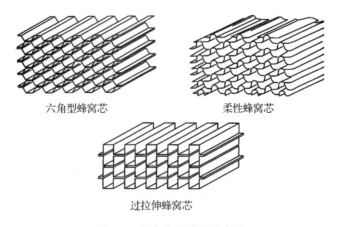

六角型蜂窝芯　　　　　　　　柔性蜂窝芯

过拉伸蜂窝芯

图 1.9　蜂窝孔格形状示意图

泡沫夹芯是用泡沫塑料（又称多孔塑料）制成的。飞机上最常用的泡沫塑料是硬质聚氨酯泡沫塑料。这种泡沫塑料具有重量轻、强度高、导热系数低、耐油、耐低温、防振和隔音等优点；并且还具有与多种材料粘接性良好和能够现场发泡制造的特点，便于填充形状复杂的构件。

**2. 蜂窝夹芯结构的特性**

蜂窝夹芯结构（Honeycomb Core Construction）主要具有以下的特性：
（1）蜂窝夹芯结构具有比常规金属结构更高的比强度；
（2）蜂窝夹芯结构与厚度等于上、下面板厚度之和的平板相比，具有更高的抗弯刚度；
（3）蜂窝夹芯结构具有较好的隔热和隔音性能；
（4）具有较强的抗震、抗冲击和耐声抗疲劳的性能。

**3. 蜂窝夹芯结构的应用**

飞机复合材料结构件大多数都采用蜂窝夹芯结构，如雷达罩、客舱地板和各类装饰面板、各类整流罩、操纵舵面和梁腹板等。采用蜂窝夹芯结构的主要目的是为了提高结构件的抗弯刚度和充分利用材料的强度。

# 1.2.3 复合材料结构图样表达

复合材料结构的图样与以往飞机结构图样有许多不同，复合材料结构在修理过程中要识图，有时还要作简单的绘图，因此，作为飞机复合材料结构修理人员，有必要掌握有关图样绘制和表达的一些知识。

**1. 铺层图**

复合材料结构铺层图有平面图和剖面图。它们用来表示复合材料层合板的形状、尺寸及层与层之间的关系。

铺层平面图，表示铺层的形状、几何尺寸及公差的视图。

铺层剖面图，表示铺层的层次关系，铺层的起止、拼接、几何尺寸及公差的视图。此种视图为示意图，可不按比例绘制。

现以波音某型飞机的升降舵（Elevator）上表面蒙皮为例对复合材料结构的图样表达进行说明。波音某型飞机的升降舵上表面蒙皮的详细构造，如图 1.10 所示。

水平安定面（Horizontal Stabilizer）上表面蒙皮件号 1 是蜂窝夹芯结构，面板由层合板构成，其每一铺层的铺设方向和铺层材料由铺层编号表示。铺层编号根据所用的材料和增强纤维的铺设方向统一表示，设计具体结构时根据需要选用。其具体构造，如剖面图 1.11 所示。

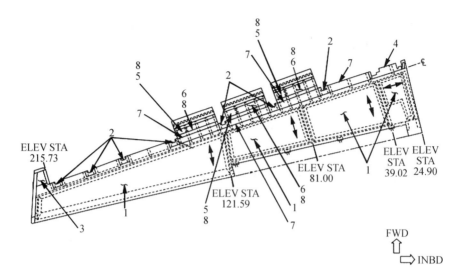

图 1.10　升降舵上表面蒙皮构造（平面图）

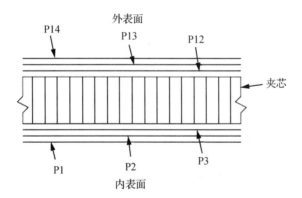

图 1.11　升降舵上表面件号 1 蜂窝夹芯蒙皮构造（剖面图）

升降舵上表面件号 1 蜂窝夹芯蒙皮的每一铺层的铺层角和材料则由铺层表详细给出，如表 1-2 所示。

表 1-2　复合材料结构铺层表

| 零件代号 | 铺层代号 | 材料 | 铺设角 |
| --- | --- | --- | --- |
| 1 | P1，P14 | 碳纤维预浸料 | +45° |
| | P2，P13 | 碳纤维预浸料 | 0° |
| | P3，P12 | 碳纤维预浸料 | −45° |

实际结构中，同一零件不同区域的铺层层数可能不同，也可以在剖面图中表示出来。例如，某一复合材料结构件，在不同的区域有不同的铺层数，即可用剖面图清楚地表达其构造，图 1.12 所示。

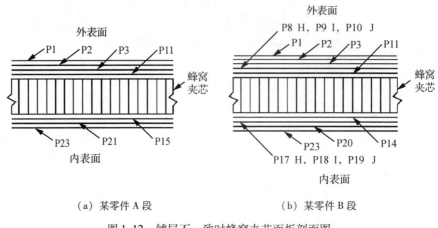

（a）某零件 A 段　　　　　　（b）某零件 B 段

图 1.12　铺层不一致时蜂窝夹芯面板剖面图

图 1.12 中，字母 H，I，J 在构件的特定站位内有铺层 P8，P9，P10，P17，P18 和 P19 等。详细站位区域请参见结构修理手册的说明。该构件对应的铺层，如表 1-3 所示。

表 1-3　复合材料结构铺层表

| 铺层代号 | 材料 | 铺层角 |
| --- | --- | --- |
| P1 | 1581 型玻璃纤维预浸料 | ±45° |
| P2，P3，P11，P14 | 1581 型玻璃纤维预浸料 | 0° 或 90° |
| P8 ~ P10，P15，P17 ~ P19 | 碳纤维预浸料 | 90° |
| P21 | 碳纤维预浸料 | 0° |
| P23 | 120 型玻璃纤维预浸料 | ±45° |

其中，每一铺层的铺层角方向须按图中的铺层基准来确定，如升降舵上表面件号 1 铺层角的定义，如图 1.13 所示。

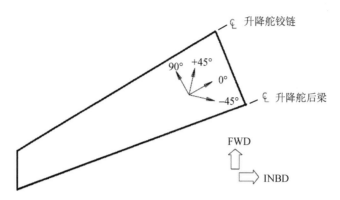

图 1.13　升降舵上表面件号 1 铺层角的定义（平面图）

## 2. 复合材料图样的剖面符号

在复合材料的结构图样中，规定了其特定的剖面符号，如表 1-4 所示。

表 1-4　剖面符号

| 材料 | | 剖面符号 |
|---|---|---|
| 复合材料 | | |
| 蜂窝夹芯 | 平行于格孔轴线 | |
| | 垂直于格孔轴线 | |
| 填充了填充料的蜂窝夹芯 | | |
| 膨胀胶膜、泡沫塑料、空心微球填充料 | | |
| 胶膜 | | |

## 3. 图样附注内容

复合材料结构图样的附注应包括以下内容：

（1）材料牌号或代号说明，具体内容以 SRM 说明为准；

（2）各种材料固化后的单层理论厚度及层压板的厚度公差；

（3）制件固化后的纤维体积含量及容差；

（4）纤维方向的偏差；

（5）制件空隙含量的限制；

（6）允许的缺陷、损伤及其尺寸；

（7）表面防护的要求；

（8）无损检测的要求；

（9）注明制件的成形方式。

**复习思考题**

1.1　解释复合材料、先进复合材料和混杂复合材料的定义。

1.2　简述复合材料的发展历程。

1.3　简述复合材料在飞机上应用的发展趋势。

1.4　在现代大型民用飞机结构中，通常哪些部位（或零部件）采用复合材料结构？

1.5　在大型民用飞机复合材料结构中，其结构形式有哪些？各有什么特点？

1.6　解释湿铺层、预浸料和铺层角的含义。

1.7　层合板的标识方法有几种？各有什么特点？

1.8　简述公式法标识层合板的具体含义。

1.9　简述层合板的特性和铺层设计时的注意事项。

1.10　简述蜂窝夹芯结构的基本组成及各组成部分的功用。

1.11　蜂窝夹芯结构常用芯材有哪几种？芯材的结构形式有哪几种？

1.12　飞机复合材料结构如何用图样表达？

# 第 2 章　飞机复合材料结构的原材料

## 2.1　复合材料的纤维增强材料

复合材料的增强材料（Reinforcing Materials）主要以纤维形态出现。纤维增强材料的主要品种有碳纤维、芳纶、玻璃纤维、硼纤维和碳化硅纤维等。

### 2.1.1　碳纤维

#### 1. 定义

碳纤维（Carbon Fibers）是由聚丙烯腈纤维、沥青纤维或粘胶纤维等原料经预氧化、碳化等工艺过程制得的含碳量在 85%～99% 之间的纤维。

目前世界上生产销售的碳纤维绝大部分都是用聚丙烯腈纤维原料制得的。聚丙烯腈纤维经预氧化和碳化等工艺制得碳纤维，如果再经过石墨化工艺即可得到石墨纤维。石墨纤维（Graphite Fibers）的含碳量超过 99%。

预氧化是将聚丙烯腈纤维原料在空气中加热，并维持在 200～300℃ 中数十至数百分钟。预氧化的目的是使聚丙烯腈纤维的线型分子链转化为耐热的梯型结构，以使其在高温碳化时不熔不燃而保持纤维状态。

碳化是将经预氧化的聚丙烯腈纤维放在惰性气氛中加热至 1200～1600℃，并维持数分钟至数十分钟，就可制成碳纤维产品；所用的惰性气体可以是高纯的氮气、氩气或氦气，但一般多用高纯氮气。

石墨化是在聚丙烯腈纤维碳化的基础上，再在惰性气氛中加热至 2000～3000℃，维持数秒至数十秒钟，制得石墨纤维。

#### 2. 分类

国内外已商品化的碳纤维种类很多，通常按照碳纤维的性能和用途进行分类。

根据碳纤维的力学性能分类有通用型碳纤维、高强度碳纤维、中模量碳纤维、中模量高强度碳纤维和高模量碳纤维等。

通用型碳纤维强度为 1000MPa，模量为 100GPa 左右；高强度碳纤维，其强度

2000MPa，模量 250GPa 左右；高模量碳纤维，其模量达到 300GPa 以上。如果强度大于 4000MPa 碳纤维的又称为超高强度碳纤维；模量大于 450GPa 碳纤维的又称为超高模量碳纤维。随着航天和航空工业的发展，还出现了高强高伸型碳纤维，高强高伸型碳纤维不仅强度高，而且塑性好，其延伸率大于 2%。

根据碳纤维用途有承力结构用碳纤维、耐火焰碳纤维、导电用碳纤维、润滑用碳纤维和耐磨用碳纤维等。

### 3. 碳纤维的性能及其应用

碳纤维的密度在 $1.5 \sim 2.0 \text{g/cm}^3$ 之间，这除与原丝结构有关外，主要决定于碳化处理的温度。一般经过高温（3000℃）石墨化处理，密度可达 $2.0 \text{g/cm}^3$。

碳纤维具有低密度、高强度、高模量、耐高温、抗化学腐蚀、低电阻、高热传导系数、低热膨胀系数、耐辐射等特性，此外还具有纤维的柔顺性和可编性，比强度和比模量优于其他无机纤维。碳纤维复合材料还具有非常优良的 X 射线的透过性，阻止中子透过性，还可赋予塑料以导电性和导热性。

碳纤维的缺点是性脆，抗冲击性和高温抗氧化性差。

复合材料中的碳纤维实际上是纤维丝束。飞机结构上使用的碳纤维复合材料的碳纤维丝束一般含有 1000 ~ 12000 根纤维。纤维的根数仅表示每个丝束的粗细，其机械性能一般不受丝束大小的影响。飞机常用碳纤维的品种与性能见表 2-1。

表 2-1　飞机常用碳纤维的品种与性能

| 纤维牌号 | 每束单丝（根数） | 密度（g/cm³） | 拉伸强度（MPa） | 拉伸模量（GPa） | 断裂伸长（%） | 1km 的质量（g/km） |
|---|---|---|---|---|---|---|
| T300 | 1000 | 1.76 | 3530 | 230 | 1.5 | 66 |
|  | 3000 |  |  |  |  | 198 |
|  | 6000 |  |  |  |  | 396 |
|  | 12000 |  |  |  |  | 800 |
| T300J | 3000 | 1.82 | 4410 | 230 | 1.9 | 198 |
|  | 6000 |  |  |  |  | 396 |
|  | 12000 |  |  |  |  | 800 |
| T400H | 3000 | 1.80 | 4410 | 250 | 1.8 | 198 |
|  | 6000 |  |  |  |  | 396 |
| T700S | 12000 | 1.82 | 4800 | 230 | 2.1 | 800 |
| T800H | 6000 | 1.81 | 5900 | 294 | 1.9 | 223 |
|  | 12000 |  |  |  |  | 445 |
| T1000 | 12000 | 1.82 | 7060 | 294 | 2.4 | 448 |
| T1000G | 12000 | 1.80 | 6370 | 294 | 2.1 | 485 |

| 纤维牌号 | 每束单丝<br>（根数） | 密度<br>（g/cm³） | 拉伸强度<br>（MPa） | 拉伸模量<br>（GPa） | 断裂伸长<br>（%） | 1km 的质量<br>（g/km） |
|---|---|---|---|---|---|---|
| M35J | 6000 | 1.75 | 5000 | 343 | 1.6 | 225 |
| | 1200 | | | | | 450 |
| M40J | 6000 | 1.77 | 4400 | 377 | 1.2 | 225 |
| | 1200 | | | | | 450 |
| M46J | 6000 | 1.84 | 4200 | 436 | 1.0 | 223 |
| | 1200 | | | | | 445 |
| M50J | 6000 | 1.87 | 4020 | 475 | 0.8 | 215 |
| M55J | 6000 | 1.93 | 3630 | 540 | 0.7 | 212 |
| M60J | 3000 | 1.94 | 3820 | 588 | 0.7 | 100 |
| | 6000 | | | | | 200 |
| M30 | 1000 | 1.7 | 3920 | 294 | 1.3 | 53 |
| | 3000 | | | | | 160 |
| | 6000 | | | | | 320 |
| | 12000 | | | | | 640 |
| M40 | 1000 | 1.81 | 2740 | 392 | 0.7 | 61 |
| | 3000 | | | | | 182 |
| | 6000 | | | | | 364 |
| | 12000 | | | | | 728 |
| M46 | 6000 | 1.88 | 2550 | 451 | 0.6 | 360 |
| M50 | 1000 | 1.91 | 2450 | 490 | 0.5 | 60 |
| | 3000 | | | | | 180 |

碳纤维可加工成织物、毡、席、带、纸及其他材料。在飞机结构中，碳纤维既可以用于飞机的次承力构件，如方向舵、起落架、扰流板、副翼、发动机舱、整流罩和机舱地板等，也可以用于飞机的主承力构件，如主翼、尾翼和机体等。

## 2.1.2　芳纶纤维

### 1. 定义

芳纶纤维（Aramid Fiber）是由芳香族聚酰胺树脂纺成的纤维，国外也称为"芳酰胺纤维"。芳纶纤维就是目前已工业化生产并广泛应用的聚芳酰胺纤维，在复合材料中应用最普遍的是聚对苯二甲酰对苯二胺（PPTA）纤维。

## 2. 芳纶纤维的性能及应用

芳纶纤维具有优异的拉伸强度和拉伸模量，优良的减震性、耐磨性、耐冲击性、抗疲劳性、尺寸稳定性、耐化学腐蚀性（但不耐强酸和强碱），低膨胀（长度方向热膨胀系数很低，但直径方向热膨胀系数较大）、低导热，不燃不熔，电绝缘，能透电磁波，以及密度小等优点。

芳纶纤维在真空中的长期使用温度为160℃，温度低至−60℃也不变脆。芳纶纤维的单丝强度可达3773MPa；254mm长的纤维束的拉伸强度为2744MPa，大约为铝的5倍。芳纶纤维的耐冲击性大约为石墨纤维的6倍，硼纤维的3倍，玻璃纤维的0.8倍。芳纶纤维的断裂伸长在3%左右，接近玻璃纤维，高于其他纤维。用它与碳纤维混杂，将能大大提高纤维复合材料的冲击性能。

芳纶纤维的缺点为：热膨胀系数具有各向异性，耐光性差，暴露于可见光和紫外线时会产生光致降解，使其力学性能下降和颜色变化，溶解性差，抗压强度低，吸湿性强，吸湿后纤维性能变化大。因此应密封保存，在制备复合材料前应增加烘干工序。

目前，芳纶纤维主要的产品牌号是美国杜邦公司生产的凯夫拉（Kevlar）系列产品，其基本性能如表2-2所示。

**表2-2　芳纶纤维的基本性能**

| 性能 　　　　牌号 | Kevlar-29 | Kevlar-49 | Kevlar-149 |
|---|---|---|---|
| 拉伸强度（MPa） | 2970 | 3620 | 3433 |
| 拉伸模量（GPa） | 36.7 | 125 | 165 |
| 断裂伸长（%） | 3.6 | 2.5 | 1.8 |
| 吸湿率（%） | 7 | 3.5 | 1.1 |

Kevlar-29主要用作轮胎帘子线，Kevlar-49和Kevlar-149可用在飞机结构上。

Kevlar-49纤维具有抗拉强度高、弹性模量高、韧性好以及各向异性等力学特性。但它的抗压性能和抗扭性能较低。Kevlar-49吸潮后，纤维强度会降低。Kevlar-49具有良好的耐低温性，但在高温下耐热老化性能不够理想。另外，Kevlar-49受光和燃油的作用，也会导致强度下降。

Kevlar-149纤维在抗吸潮性能方面优于Kevlar-49。芳纶纤维在湿热环境下，其性能有明显的下降，一般不用于飞机主承力结构。

芳纶纤维一般与碳纤维混杂使用，作为航空航天用复合材料的增强材料，应用于火箭发动机壳体、压力容器、各种整流罩、窗框、天花板、隔板、地板、舱壁、舱门、行李架、座椅、机翼前缘、方向舵、安定面翼尖、尾锥和应急出口系统构件等。而以芳纶-环氧无纬布和薄铝板交叠铺层，经热压而成的ARALL超混合复合层板是一种具有许多超混杂优异性能的新型航空结构材料。它的比强度和比模量都高于优等铝合金材料，疲劳寿命是铝的 100～1000 倍，阻尼和隔音性能也较好，机械加工性能比芳纶复合材料好。芳纶纤维还可作为航空航天领域的耐热、隔热材料，如芳纶短切纤维增强的三元乙丙橡胶基复合材料的软片或带材，可作为发动机的内绝热层。

## 2.1.3　玻璃纤维

### 1. 玻璃纤维及其种类

玻璃纤维（Glass Fiber/Fiberglass）是由玻璃原料加热熔融后，按照一定的工艺，拉丝制成直径为几微米到二十几微米的纤维。

玻璃纤维的种类较多，常用的有 E 玻璃纤维、C 玻璃纤维和 S 玻璃纤维。

E 玻璃纤维是一种无碱玻璃纤维。这种纤维强度较高，耐热性和电性能优良，能耐大气腐蚀，化学稳定性也好（但不耐酸），其最大的特点是电性能好，因此，E 玻璃也被称为 "电气玻璃"。国内外广泛使用 E 玻璃纤维作为复合材料的原材料。

C 玻璃纤维是中碱玻璃纤维，其特点是耐化学性特别是耐酸性优于 E 玻璃纤维，但电气性能差，机械强度低于 E 玻璃纤维 10%～20%。

S 玻璃为高强度玻璃纤维，具有高拉伸强度，其基本性能如表 2-3 所示。

表 2-3　S 玻璃纤维的性能

| 性能 | 测试温度（℃） | 测量值 |
| --- | --- | --- |
| 拉伸强度 | 22 | 4585MPa |
| | 391 | 3758MPa |
| | 538 | 2413MPa |
| 拉伸模量 | 22 | 85.5GPa |
| 断裂伸长 | 22 | 5.7% |

此外，以玻璃纤维的外观分类，有长纤维、短纤维、空心纤维和卷曲纤维等。

### 2. 玻璃纤维的性能及应用

玻璃纤维具有拉伸强度高、耐高温、电绝缘、透波性好和不吸潮等一系列优良的性能。它的缺点是脆性，对人的皮肤有刺激性。

玻璃纤维由于直径、股数的不同而有很多规格。国际上通常采用 "tex" 来表示玻璃纤维的不同规格。"tex" 是指 1000m 长原丝的质量（单位为 g）。例如，1200tex 就是指 1000m 长的原丝质量为 1200g。

在飞机结构上，E 玻璃纤维是具有电磁场使用要求的玻璃纤维，用于雷达天线罩。S 玻璃纤维是高强度型的玻璃纤维，用于有强度要求的结构部分。C 玻璃纤维化学性能好，用于防腐部分。

## 2.1.4 其他纤维

### 1. 硼纤维

硼纤维（Boron Fibers）是通过蒸发把硼蒸气沉淀在很细的钨丝或碳丝上面而形成的。形成的硼纤维直径通常为100μm左右。这种硼纤维具有强度高、弹性模量高等特点。

以钨丝为芯材的硼纤维，制造时，用钨丝作为芯子，通电加热，在氢（$H_2$）和三氯化硼（$BCl_3$）混合气体中，置换出的无定形的硼便沉积在钨丝上，形成硼-钨丝芯的硼纤维。

以碳丝为芯材的硼纤维其制备原理与以钨丝为芯材类似，通过专用设备将硼沉积在碳丝上。

硼纤维很脆，抗拉强度约3500MPa，弹性模量400GPa，密度只有钢材的1/4，抗压缩性能好；在惰性气体中，高温性能良好；在空气中超过500℃时，强度显著降低。硼纤维的性能如表2-4所示。

硼纤维是良好的增强材料，可与金属、塑料或陶瓷复合，制成高温结构用复合材料。如硼/铝复合板材，其纤维体积含量达50%时，在增强方向上抗拉强度达1500MPa，弹性模量200GPa，密度为2.6g/cm³。由于其具有高比强度和比模量，在航空航天和军工领域获得广泛应用。硼纤维活性大，在制作复合材料时易与基体相互作用，影响材料的使用，故通常在其上涂敷碳化硼、碳化硅等涂料，以增强其惰性。

硼纤维复合材料用于制作飞机垂尾、机翼部件、起落架舱门以及一些型材等。

硼纤维的成形和加工性不好，价格高，故应用有限。国际上，多用硼/环氧复合材料修理金属飞机结构。

**表2-4 硼纤维的性能**

| 芯材品种 | 直径<br>（μm） | 密度<br>（g/cm³） | 拉伸强度<br>（MPa） | 拉伸模量<br>（GPa） |
|---|---|---|---|---|
| 硼-钨芯 | 100 | 2.59 | 3445 | 400 |
| | 140 | 2.46 | 3583 | |
| | 200 | 2.40 | | |
| 硼-碳芯 | 100 | 2.22 | | 358 |
| | 107 | 2.23 | | 400 |
| | 140 | 2.27 | | |

## 2. 陶瓷纤维

陶瓷纤维（Ceramic Fibers）是一种纤维状轻质耐火材料，具有重量轻、耐高温、热稳定性好、导热率低、比热小及耐机械振动等优点，因而在机械、冶金、化工、石油、陶瓷、玻璃、电子等行业都得到了广泛的应用。

在航空航天领域，主要利用陶瓷优异的耐高温性能，作为金属机体的增强材料，制作在高温环境下工作的航空航天零部件，如涡轮，燃烧室的衬套、喷嘴，防火墙等。

但陶瓷材料脆性大，经受不住机械冲击和热冲击，因此增加陶瓷纤维的韧性和提高高温断裂强度是发展高温陶瓷材料的两大难题。在增韧方面，目前 SiCr/SiC、SiCW/$Si_3N_4$ 热压等复合材料的研究已取得进展，高温断裂强度可分别达到 750MPa 和 800MPa，并已用于制造高性能燃气喷管和导弹喷管。另外，晶须增强陶瓷也被认为是很有希望提高断裂韧性的材料。

## 3. 碳化硅纤维

碳化硅纤维（Silicon Carbide Fibres）是以有机硅化合物为原料，经纺丝、碳化或气相沉积而制得具有 β-碳化硅结构的无机纤维，属陶瓷纤维类。从形态上分有晶须和连续纤维两种。晶须是一种单晶，碳化硅的晶须直径一般为 0.1 ~ 2μm，长度为 20 ~ 300μm，外观是粉末状。连续纤维是碳化硅包覆在钨丝或碳纤维等芯丝上而形成的连续丝或纺丝和热解而得到纯碳化硅长丝。

碳化硅纤维的最高使用温度达 1200℃，其耐热性和耐氧化性均优于碳纤维，强度达 1960 ~ 4410MPa，在最高使用温度下强度保持率在 80% 以上，模量为 176.4 ~ 294GPa，化学稳定性也比较好。

碳化硅纤维主要用作耐高温材料和增强材料，耐高温材料包括热屏蔽材料、耐高温输送带、过滤高温气体或熔融金属的滤布等。用作增强材料时，常与碳纤维或玻璃纤维合用，以增强金属（如铝）和陶瓷为主，如做成喷气式飞机的刹车片、发动机叶片、齿轮箱和机身结构材料等。

碳化硅纤维制备工艺复杂，导致成本较高、价格昂贵，应用并不广泛。

各种纤维综合性能的比较，如表 2-5 所示。

**表 2-5　各种纤维综合性能比较**

| 纤　维 | 成　本 | 密　度 | 刚　度 | 强　度 | 韧　性 | 耐　热 | 抗冲击 |
|---|---|---|---|---|---|---|---|
| E 玻璃纤维 | 低 | 高 | 差 | 中 | 良 | 良 | 良 |
| S 玻璃纤维 | 低 | 中 | 中 | 良 | 良 | 优 | 良 |
| 芳纶纤维 | 中 | 低 | 良 | 良 | 优 | 差 | 优 |
| 碳纤维 | 高 | 低 | 优 | 优 | 差 | 良 | 差 |
| 硼纤维 | 高 | 高 | 优 | 优 | 差 | 优 | 良 |

## 2.2 复合材料的基体材料

复合材料的基体材料（Matrix Materials）是复合材料中的连续相，起到将增强体粘结成整体，并赋予复合材料一定的形状，传递载荷，保护增强体免受外界环境侵蚀的作用。飞机复合材料所用的基体材料主要有聚合物和金属两大类。

### 2.2.1 聚合物基体

聚合物材料又称高分子材料，是以高分子化合物为基本组分，配以添加剂，经加工而成的有机合成材料。聚合物材料具有密度小、比强度高、耐腐蚀、电绝缘和可塑性好等优良性能。

1. 聚合物基体的种类、组分和作用

（1）聚合物基体的种类

随着对飞机结构用树脂基体的研究和开发的进一步深入，树脂基体的类型和品种日益增多，其分类方法也甚多。

按固化特性可分为热固性树脂和热塑性树脂，其中热固性树脂有环氧树脂、酚醛树脂、聚酰亚胺树脂和双马来酰亚胺树脂（BMI）等，热塑性树脂有聚醚醚酮树脂（PEEK）、聚醚砜树脂（PES）、聚苯硫醚树脂（PSS）和聚砜树脂等。

按固化温度可分为低温固化树脂（固化温度在80℃以下）、中温固化树脂（固化温度在125℃以下）和高温固化树脂（固化温度在170℃以下）。

按用途可分为结构用树脂、内装饰用树脂、雷达罩用树脂和耐烧蚀性（或阻燃性）树脂等。

按加工工艺可分为热压罐成形用树脂、树脂转移成形（RTM）专用树脂、树脂模熔浸（RFI）专用树脂、纤维缠绕用树脂、拉压和模压用树脂与低温低压固化（LTM）树脂等。

各类树脂基体的使用温度范围，如表2-6所示。

（2）聚合物基体的组分

聚合物基体的组分、组分的作用及组分间的关系都是很复杂的。聚合物是聚合物基复合树脂的主要组分。一般来说，基体很少是单一的聚合物，往往除了主要组分——聚合物以外，还包含其他辅助材料，如固化剂、增韧剂、稀释剂、催化剂等，这些辅助材料是复合材料基体不可缺少的组分。由于这些组分的加入，复合材料具有了各种各样的性能，从而改进了加工的工艺性，降低了成本，扩大了应用范围。

表 2-6　各类树脂基体的使用温度范围

| 树脂基体 | 热固性树脂 | | | | |
|---|---|---|---|---|---|
| | 环氧 | | 双马来酰亚胺 | 聚酰亚胺 | 酚醛 |
| | 120℃固化 | 180℃固化 | | | |
| 使用温度（℃） | −55~82 | −55~105<br>−55~120 | −60~177<br>−60~232 | −60~250<br>短期达 315 | −55~140<br>−55~177<br>−55~260 |

| 树脂基体 | 热塑性树脂 | | | |
|---|---|---|---|---|
| | 聚醚醚酮 | 聚苯硫醚 | 聚醚砜 | 聚砜 |
| 使用温度（℃） | 250 | 200 | 180 | 170 |

（3）聚合物基体的作用

聚合物基复合材料中的基体有三种主要作用，即将纤维粘在一起、分配纤维间的载荷和保护纤维不受环境影响。

制造基体理想材料的原始状态应该是低黏度的液体，并能迅速变成坚固持久的固体，足以将增强纤维粘住。尽管纤维增强材料的作用是承受复合材料的载荷，但是基体的力学性能会显著地影响纤维的工作方式和效率。例如，在没有基体的纤维丝束中，大部分载荷由最直的纤维承受；而在复合材料中，由于基体使得所有纤维经受同样的应变，应力通过剪切过程传递，基体使得应力较均匀地分配给所有纤维，这就要求纤维与基体之间有高胶接强度，同时要求基体本身要有高剪切强度和模量。

在纤维的垂直方向，复合材料的物理性能由基体的力学性能和纤维与基体的胶接强度决定。由于基体比纤维弱得多，而柔性却大得多，所以，在复合材料结构设计中，应尽量避免基体横向受载。

基体以及基体/纤维的相互作用能明显地影响裂纹在复合材料中的扩展。若基体的剪切强度和模量以及基体/纤维的胶接强度过高，则裂纹可以穿过纤维和基体扩展而不转向，从而使这种复合材料的性能表现为脆性材料，其破坏试件的断口将呈现出整齐的断面；若胶接强度过低，则其纤维将类似于纤维束，这种复合材料将很弱；对于中等胶接强度的复合材料，横跨树脂或纤维的裂纹将在界面转向，并且沿纤维的方向扩展，这就可以吸收相当多的能量，阻碍裂纹的扩展，表现为韧性材料。

2. 热固性树脂

热固性树脂（Thermosetting Plastic）是由某些低分子的合成树脂（固态或液态）在加热、固化剂或紫外光等作用下，发生交联反应并经过凝胶化阶段和固化阶段形成不熔、不溶的固体材料。热固性树脂耐温性较高，尺寸稳定性也好，但是，它一旦固化变硬，加热则不会使它软化，即使加热至燃烧也不会使它软化变回液态，因而热固性树脂一旦成型后就无法重复加工成形。

热固性树脂在初始阶段流动性很好，容易浸透增强体，同时工艺过程也比较容易控制。因此，此类复合材料成为当前的主要品种。热固性树脂早期有酚醛树脂，随后有不饱和聚酯树脂和环氧树脂，近年来又发展了性能更好的双马树脂和聚酰亚胺树脂。这些树脂几乎适合于各种类型的增强体。

（1）环氧树脂（Epoxy Resin）

环氧树脂是最早用于飞机结构复合材料的树脂基体，而且至今在飞机结构用复合材料中，仍占主导地位。

环氧的种类很多，适合作为复合材料基体的有双酚 A 环氧树脂、多官能团环氧树脂和酚醛环氧树脂三种。其中多官能团环氧树脂的玻璃化温度较高，因而耐温性能好；酚醛环氧树脂固化后的交联密度大，因而力学性能较好。环氧树脂与增强体的粘结力强，固化时收缩少，基本上不放出低分子挥发物，因而尺寸稳定性好。但环氧树脂的耐温性不仅取决于本身的结构，在很大程度上还依赖于使用的固化剂和固化条件。例如，用脂肪族多元胺作为固化剂可低温固化，但耐温性很差；如果用芳香族多元胺和酸酐作固化剂，并在高温下固化（100～150℃）和后固化（150～250℃），则最高可耐250℃的温度。实际上，环氧树脂基复合材料可在 -55～177℃ 范围内使用，耐湿热性能较好，增韧环氧的韧性好，CAI 值（冲击后压缩强度）可高达300MPa以上；与各种纤维的匹配性好，成形工艺优良；机械加工性，制孔、切削性良好并有很好的耐化学腐蚀性和电绝缘性。

（2）热固性聚酰亚胺树脂（API）

聚酰亚胺聚合物有热固性和热塑性两种，均可作为复合材料基体。在目前应用的各种树脂中，热固性聚酰亚胺树脂的耐高温性能最好，具有"耐高温树脂"之称。热固性聚酰亚胺树脂可在250～300℃长期使用，350℃短期使用，耐辐射、电性能较好，但其成形温度与成形压力高，韧性差、质脆，给制件成形带来困难。聚酰亚胺复合材料适合制作耐热的结构材料，如发动机尾喷口区域的热端零件等。

（3）酚醛树脂（Phenolic Resin）

酚醛树脂是以酚类化合物、醛类化合物作原料，在催化剂的作用下缩聚而成的高分子化合物，其中以苯酚和甲醛缩聚的酚醛树脂最为常用。

酚醛树脂大体分为热固性和热塑性两大类。热固性酚醛树脂是由苯酚在碱性条件下与过量的甲醛发生反应合成；热塑性酚醛树脂是苯酚在酸性条件下与少量的甲醛反应合成。

酚醛树脂具有优良的耐酸性能、耐热性能、耐烧蚀性能、电绝缘性能和阻燃性能，燃烧时的烟密度较低、毒性较小。另外，还具有固化速度快、原材料来源广、价格较低等优点，但是较脆。普通酚醛树脂在200℃以下能够长期稳定使用。酚醛树脂复合材料主要用作隔热材料、耐烧蚀材料，广泛用于制作飞机、舰船、火车和汽车内部装饰的结构部件。

（4）双马来酰亚胺树脂（BMI）

双马来酰亚胺树脂基体是适应新一代战斗机对复合材料树脂基体提出使用温度达200℃，且在130～150℃湿热环境下具有较高强度和模量的保持率要求，而开发研制的改性双马来酰亚胺树脂。

与环氧树脂相比，双马来酰亚胺树脂，使用温度高，耐湿热性能优越；但不足之处是工艺性不如环氧树脂，预浸料的铺覆性和粘性差一些，固化温度高（185℃开始固化并要求 200～230℃后处理）；固化时间长，总计达 6h 以上；储存期短，室温下储存期一般只有 15～21d。此外，双马来酰亚胺树脂基体复合材料易发生分层。

## 2.2.2　热塑性树脂基体

热塑性聚合物在加热到一定温度时可以软化甚至流动，从而在压力和模具作用下成型，并在冷却后硬化固定。这类聚合物一般软化点较低，容易变形，可重复加工使用。

可以作复合材料的热塑性聚合物品种很多，包括各种通用塑料（如聚丙烯、聚氯乙烯等），工程塑料（如尼龙、聚碳酸酯等）和特种高温聚合物（如聚醚醚酮、聚醚砜和杂环类聚合物等）。

### 1. 聚醚醚酮树脂

聚醚醚酮（PEEK）是一种半结晶性热塑性树脂，其玻璃化转变温度为 143℃，熔点为 343℃，结晶度一般为 20%～40%，最大结晶度为 48%。

聚醚醚酮具有优异的力学性能和耐热性。以聚醚醚酮为基体的复合材料可在 250℃的高温下长期使用。在室温下，聚醚醚酮的模量与环氧树脂相当，强度优于环氧树脂，而断裂韧性极高（比环氧树脂还高一个数量级以上）。聚醚醚酮树脂耐化学腐蚀性与环氧树脂相当，但吸湿性比环氧树脂低得多。聚醚醚酮耐绝大多数有机溶剂和弱碱，除液体氢氟酸、浓硫酸等个别强酸外，它不为任何溶剂所溶解。此外，聚醚醚酮还具有优异的阻燃性、极低的发烟率和有毒气体释放率以及极好的耐辐射性。

聚醚醚酮基复合材料因其优异的性能，已经在飞机结构中大量使用。碳纤维增强聚醚醚酮单向预浸料的耐疲劳性超过环氧/碳纤维复合材料，耐冲击性好，在室温下，具有良好的抗蠕变性，层间断裂韧性很高（大于或等于 $1.8kJ/m^2$）。

### 2. 聚苯硫醚树脂

聚苯硫醚（PPS）是一种新型高性能热塑性树脂，也是一种综合性能优异的特种工程塑料。聚苯硫醚具有优良的耐高温、耐腐蚀、耐辐射、阻燃、均衡的物理机械性能和极好的尺寸稳定性以及优良的电性能等特点，被广泛用作结构性高分子材料，通过填充、改性后广泛用作特种工程塑料。同时，还可制成各种功能性的薄膜、涂层和复合材料，在电子电器、航空航天、汽车运输等领域获得成功应用。

聚苯硫醚的熔体黏度低，易于通过预浸料、层压制成复合材料。但是，在高温下长期使用，聚苯硫醚会被空气中的氧氧化而发生交联反应，结晶度降低，甚至失去热塑性。

### 3. 聚醚酰亚胺树脂

聚醚酰亚胺（PEI）是一种非晶体型高性能热塑性树脂，其密度为 $1.28～1.42g/cm^3$。

聚醚酰亚胺树脂具有优良的机械强度、电绝缘性能、耐辐射性、耐高低温及耐疲劳性能和成型加工性。聚醚酰亚胺树脂在高温下具有高强度、高刚性、耐磨性和尺寸稳定性，其热变形温度为 198~208℃，可在 160~180℃下长期使用，允许间歇最高使用温度为 200℃。

聚醚酰亚胺具有很宽范围的耐化学性，包括耐多数碳氢化合物、醇类和所有卤化溶剂；也可耐无机酸和短期耐弱碱。

聚醚酰亚胺因其优良的综合平衡性能，卓有成效地应用于电子、电机和航空等工业部门，并用作传统产品和文化生活用品的金属代用材料。

在电器、电子工业部门，聚醚酰亚胺材料制造的零部件获得了广泛的应用，包括强度高和尺寸稳定的连接件、普通和微型继电器外壳、电路板、线圈、软性电路、反射镜、高精度密光纤元件。特别引人注目的是，用它取代金属制造光纤连接器，可使元件结构最佳化，简化其制造和装配步骤，保持更精确的尺寸，从而保证最终产品的成本降低约 40%。

聚醚酰亚胺符合 FAA 对飞机内饰件阻燃性和热释放性等的要求，既可以制成板材也可以加工成纤维布，广泛应用于飞机内饰件上。如耐冲击性板材 Ultem1613 用于制飞机的各种零部件，如舷窗、座椅靠背、内壁板、门覆盖层以及供乘客使用的各种物件。聚醚酰亚胺和碳纤维组成的复合材料已用于最新直升飞机各种部件的结构。聚醚酰亚胺泡沫塑料，还可用作绝热和隔音材料。

**4. 聚醚砜树脂**

聚醚砜是一种非晶聚合物，其玻璃化转变温度高达 225℃，可在 180℃温度下长期使用，在 -100~200℃温度区间内，模量变化很小，特别是在 100℃以上时比其他热塑性树脂都好；耐 150℃蒸汽、耐酸碱和油类，但可被浓硝酸、浓硫酸、卤代烃等腐蚀或溶解，在酮类溶剂中开裂。聚醚砜基复合材料通常用溶液预浸或膜层叠技术制造。由于聚醚砜的耐溶剂性差，限制了其在飞机结构等领域的应用，但聚醚砜基复合材料在电子产品、雷达天线罩等方面得到了大量的应用。

**5. 热塑性聚酰亚胺**

热塑性聚酰亚胺是一种类似于聚醚砜的热塑性聚合物。长期使用温度为 180℃，具有良好的耐热性、尺寸稳定性、耐腐蚀性、耐水解性和加工工艺性，可溶于卤代烷等溶剂中。多用于电子产品和汽车领域。

# 2.2.3 金属基体

飞机结构用金属基复合材料的基体可分为轻金属基体和耐热合金基体两大类。轻金属基体主要包括铝基和镁基复合材料，使用温度在 450℃左右。钛合金及其钛铝金属间化合物作基体的复合材料，具有良好的高温强度和室温断裂性能，同时具有良好的抗氧化、抗蠕变、耐疲劳和高温力学性能，适合作为航空航天发动机中的热结构材料，工作温度在 650℃ 左右，而镍、钴基复合材料可在 1200℃ 使用。

以金属作为基体材料的金属基复合材料与有机基复合材料相比，具有更高的强度、刚度和韧性，可承受更高的温度，良好的导热性和导电性，防燃、不吸潮，可采用常规金属的连接技术等优点。

### 1. 用于 450℃ 以下的金属基体

目前研究发展最成熟、应用最广泛的金属基复合材料是铝基和镁基复合材料，可用于航天飞机、人造卫星、空间站、汽车发动机零件等，并已形成工业规模化生产。连续纤维增强金属基复合材料选用纯铝或合金元素少的单相铝合金，而颗粒、晶须增强金属基复合材料则选用具有高强度的铝合金。

### 2. 用于 450～700℃ 的金属基体

钛合金具有密度小、耐腐蚀、耐氧化、强度高等特点，可以在 450～650℃ 温度下使用，用于制作航空发动机中的零件。采用高性能碳化硅纤维、碳化钛纤维、硼化钛颗粒增强钛合金，可以获得更高的高温性能。美国已成功地试制成碳化硅纤维增强钛基复合材料，用它制成的叶片和传动轴等零件可用于高性能航空发动机。

### 3. 用于 1000℃ 以上的金属基体

用于 1000℃ 以上的高温金属基复合材料的基体材料主要是镍基、钛基耐热合金和金属间化合物，较成熟的是镍基、钛基高温合金。

金属间化合物具有特殊的物理化学性质和力学性质，且种类很多，Ti-Ai、Ni-Al、Fe-Al 等含铝金属间化合物已逐步达到实际应用水平，有望在航空航天、交通运输、化工、兵器机械等工业中应用。

镍基高温合金是广泛使用于各种燃气轮机的重要材料。用钨丝、钍钨丝增强镍基合金可以大幅提高其高温持久性能和高温蠕变性能，一般可提高 100h 持久强度 1～3 倍，主要用于高性能航空发动机的叶片等重要零件。

## 2.3　复合材料的预浸料

目前，飞机结构上的大多数板壳构件是通过一层一层地铺叠预浸料，然后在真空袋、模压机或热压罐中成型的。预浸料是指预先浸渍了树脂的纤维或织物的片状材料，它是层合板的基本组成单元。复合材料力学性能的可设计性正是通过每一单层（预浸料）中纤维的排列方向和各单层的取向来实现的。因此，复合材料的力学性能在很大程度上也取决于预浸料的质量。

## 2.3.1 预浸料的分类及特点

### 1. 预浸料的分类

预浸料（PrePreg/Pre-Impregnated Materials）按照纤维的排列形式，分为单向预浸料和编织预浸料。单向预浸料是靠树脂将纤维粘结成片状的一种中间材料，它只含有经向纤维或含有低于10%的纬向纤维，如图2.1所示。这种预浸料固化后的单层厚度有0.125mm和0.150mm两种。

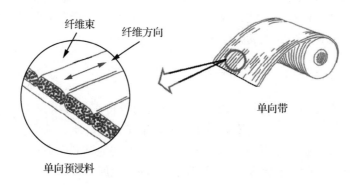

图 2.1　单向预浸料

编织预浸料是先将纤维按一定比例分配为经向和纬向，并编织成如图2.2所示的织物形式，然后再在织物上浸涂树脂而制成。编织预浸料有良好的铺叠性，有利于复杂构件的成形，并能提高机械连接处的挤压强度。编织预浸料的厚度一般大于单向预浸料的厚度。

### 2. 预浸料的特点

预浸料的品种和性能由树脂基体和纤维的类型确定。预浸料的规格则由其宽度、树脂含量和单位面积的纤维质量确定。预浸料的树脂处于 B 阶段。根据树脂的粘黏和流动的状态，树脂分为三个阶段，"A"阶段、"B"阶段和"C"阶段。"A"阶段的树脂处于流动性好，可涂抹且粘黏性能良好。"B"阶段的树脂处于半干状态且粘黏性能良好。"C"阶段的树脂处于固化状态，失去粘黏性能。预浸料常以卷材和板材形式密封于聚乙烯塑料袋内，低温运输和贮存。低温贮存是为了保持预浸料处于"B"阶段。预浸料的通用规格如表2-7所示。

预浸料还具有以下主要特点：

（1）预浸料的原材料、产品均经过严格的质量控制，产品性能稳定、质量可靠；

（2）树脂基体和纤维的比例可以调节，树脂和纤维的含量容易控制，能充分利用各向异性的特点进行铺层设计；

（3）易制成孔隙含量低、高品质的复合材料；

（4）制造过程易于实现工业自动化，改善了生产环境；

（5）要保持在低温条件（−25 ～ −18℃）下进行运输和贮存；

（6）对树脂的选择有一定的范围，价格较高。

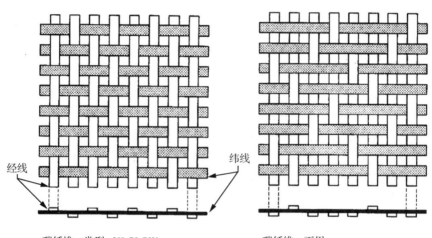

| 碳纤维：类型　3K-70-PW | 碳纤维：不用 |
| 凯芙拉：类型　120 | 凯芙拉：类型　285 |

（a）平纹编织　　　　　　　　　　（b）皱波光缎纹编织

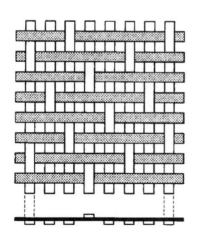

| 碳纤维：类型　1K-50-5H | 碳纤维：类型　3K-135-8H |
| 凯芙拉：不用 | 凯芙拉：类型　181 |

（c）5股光缎纹编织　　　　　　　　（d）8股光缎纹编织

图 2.2　编织预浸料

表 2-7　预浸料的通用规格

| 单向预浸料 | 宽度（mm） | 75 | 150 | 300 | 600 | 1200 | 1500 |
|---|---|---|---|---|---|---|---|
| | 长度（m） | 100 ~ 250 | | | | | |
| 编织预浸料 | 宽度（mm） | 300 | 900 | 1000 | 1200 | 1500 | |
| | 长度（m） | 50 ~ 100 | | | | | |

## 2.3.2　预浸料的制备方法

### 1. 湿法制备预浸料

用溶液状态的树脂浸渍纤维制备预浸料（半固化片）的方法称为湿法。采用湿法制备预浸料时，树脂含量与溶液浓度、纤维张力、在溶液中停留的时间、溶液对纤维的浸润能力以及纤维是否加捻等因素有关。湿法操作简便，但树脂含量一般难于精确控制。用湿法制备预浸料的工艺过程，如图2.3所示。

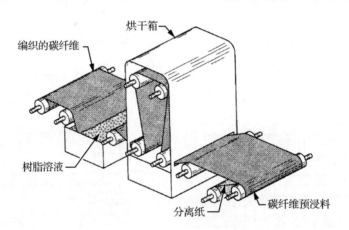

图 2.3　湿法制备预浸料

### 2. 干法制备预浸料

树脂以无溶剂或低溶剂状态与纤维接触制备预浸料的方法称为干法。用干法制备预浸料的工艺流程，如图2.4所示。热熔状态的树脂涂在分离纸上，形成一层薄薄的树脂膜，待树脂膜厚度均匀化后就与被加热的平行排列的纤维束相遇，在滚压机的压力作用下，就形成了预浸料。

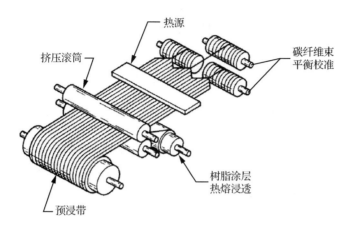

图 2.4　干法制备预浸料

用干法制备预浸料时，树脂含量可以精确控制，能制备胶含量低的预浸料，从而省去了消耗性的排胶和吸胶等辅助材料。此外，由于树脂中不含溶剂或含少量溶剂，从而避免造成复合材料层间剪切强度下降的隐患。

3. 分离纸

预浸料表面通常有一层分离纸，如图 2.3 所示。分离纸的作用是防止预浸料被污染，又可为在预浸料上划线以利于剪裁提供方便。分离纸还可防止单向预浸料横向开裂。

分离纸应易于与预浸料分离，且不与树脂发生化学反应或污染树脂；在环境温度、湿度发生变化时，分离纸的长度、宽度都应保持不变，以免预浸料起皱；分离纸应有足够的致密度，防止水分进入预浸料中；分离纸的伸长率应与纤维的伸长率保持一致，以免受牵引时预浸料变形或扭曲；分离纸的厚度和单位面积的质量应均匀一致，否则，预浸料中树脂的含量就不易精确控制。

## 2.4　胶粘剂

胶粘剂（Adhesives）的种类繁多，这里只简单介绍复合材料结构用胶粘剂。

### 2.4.1　复合材料结构用胶粘剂的基本要求

复合材料结构用胶粘剂应满足以下基本要求：
（1）应能提供符合技术要求的胶接强度，主要是剪切强度和剥离强度；

（2）具有良好的耐热性、耐氧化稳定性、耐介质性和抗疲劳性；

（3）具有良好的工艺性。这包括对被胶接表面的低敏感性，用于蜂窝结构共固化时的低压可成型性，较长的施工期和贮存期，以及适中的、便于浸渍蜂窝的流动性等；

（4）具有良好的与其他材料（如防腐蚀底胶、泡沫胶、填充料等）的相容性。

## 2.4.2　复合材料结构用胶粘剂的种类和性能

结构胶粘剂一般以热固性树脂为基体，以热塑性树脂或弹性体为增塑剂，配以固化剂、填料等组成。有的结构胶粘剂还加有溶剂、稀释剂、抑制腐蚀剂和抗热氧化剂等。

飞机复合材料常用胶粘剂如表2-8所示。

表2-8　复合材料常用胶粘剂

| 胶粘剂 | 工作温度（℉） | | | | |
| --- | --- | --- | --- | --- | --- |
| | 室温 | 150 | 200 | 250 | 350 |
| 湿铺层树脂 | BMS 8-201<br>BMS 8-301 | BMS 8-301 | BMS 8-301 | BMS 8-301 | — |
| 玻璃纤维预浸料 | — | — | — | BMS 8-179<br>BMS 8-169 | BMS 8-139 |
| 凯芙拉预浸料 | — | — | — | BMS 8-219 | BMS 8-218 |
| 碳纤维预浸料 | — | — | — | BMS 8-168<br>BMS 8-258 | BMS 8-212<br>BMS 8-256<br>BMS 8-276<br>BMS 8-297 |
| 薄膜胶粘剂 | — | — | — | BMS 5-70<br>BMS 5-101<br>BMS 5-129 | BMS 8-145<br>BMS 8-154<br>BMS 8-245 |
| 膏状胶粘剂 | BMS 5-109 | | | | |
| 密封填充剂 | BMS 5-28 | | | | |

注：BMS（Boeing Material Specification）波音材料规范。

复合材料结构用胶粘剂主要有改性环氧胶粘剂、改性酚醛树脂胶粘剂和聚氨酯胶粘剂等。

### 1. 改性环氧胶粘剂

改性环氧胶粘剂符合飞机复合材料结构用胶的基本要求。在固化过程中不产生低分子物。它适宜用作无孔蜂窝的结构胶粘剂，也可适用于胶铆、胶焊等的连接。

## 2. 改性酚醛树脂胶粘剂

用作胶粘剂的酚醛树脂，具有良好的耐热性和粘附性。但是，固化后胶层较脆，剥离强度差。同时，由于固化过程中析出水分子，需加较高的固化压力；胶层的体积收缩率也较高。作为复合材料结构用酚醛树脂胶粘剂必须用热塑性树脂或弹性体进行改性。用聚乙烯醇缩醛或丁腈橡胶改性的酚醛胶粘剂现已广泛用于飞机结构的胶接。

## 3. 聚氨酯胶粘剂

聚氨酯胶粘剂是由异氰酸酯与聚酯或聚醚等混合而成。它具有高度极性和活性，对各种金属和非金属材料都有较好的胶接强度；还具有耐低温、耐油、耐霉菌等特性。它可室温固化，是很有前途的低温胶粘剂。

## 复习思考题

2.1　复合材料的原材料有哪些？
2.2　简述碳纤维是如何制取的。
2.3　简述碳纤维的性能特点及应用。
2.4　简述芳纶纤维的性能特点及应用。
2.5　简述硼纤维、陶瓷纤维和碳化硅纤维的性能特点及应用。
2.6　复合材料中基体材料的作用是什么？
2.7　飞机复合材料常用的热固性树脂有哪几种？其各自有哪些特点？
2.8　飞机复合材料常用热塑性树脂有哪几种？其各自有哪些特点？
2.9　金属基复合材料在选择金属基体时，应考虑哪些因素？
2.10　简述飞机结构用金属基复合材料基体的类型和特点。
2.11　简述预浸料的类型和特点。
2.12　简述预浸料的制备方法及特点。
2.13　预浸料中分离纸起什么作用？
2.14　复合材料结构用胶粘剂应满足哪些基本要求？

# 第3章　复合材料结构件的成形工艺

复合材料结构件的基本形式是层合板，包括各类层合面板和夹芯结构面板。成形工艺是将原材料转化为结构，将设计的结构图样转变为实物的必经之路。

复合材料构件成形最显著的特点是材料与构件同步成形，可实现大型构件整体成形，减少机械的加工和装配。这就要求复合材料的成形工艺要保证能精确控制，实现结构设计所确定的纤维方向，并且切断纤维的机加工应尽量减少，要有完善的质量保证体系来保证成品率。

制造与修理有着紧密的联系。作为从事复合材料结构维修的人员，有必要了解复合材料结构成形的工艺方法以及所需的加工成形设备，以便于在实际维修工作中，根据其成形工艺，选用正确的维修方法。

## 3.1　树脂基复合材料的成形工艺

### 3.1.1　树脂基复合材料成形工艺的方法

#### 1. 热压罐法

热压罐法（Autoclaves）是真空袋—热压罐法的简称，是飞机结构高质量复合材料构件的主要成形方法。它利用真空袋和热压罐进行加压和加热成形复合材料制件。真空袋的作用是在热压罐固化过程中加速混入坯料中的空气和其他挥发物的逸出。因此，这种成形方法又称为热压罐—除气成形。它是采用连续纤维单向预浸料或编织预浸料，制备高性能结构复合材料最常用的方法，在航空航天部门应用最广。

热压罐法成形的原理和工艺过程是热固性高聚物基体受热后，经软化流动阶段，转变成凝胶态和玻璃态（完全固化）。抽真空和在凝胶转变之前的某一时刻施加压力，可将预浸料中的空气、挥发物和多余的基体排除，使制品密实。热压罐成形制品时，将单层的预浸料按预定方向铺覆到附有脱模剂的模具表面，再依次用多孔分离膜、吸胶材料、透气毡覆盖，然后密封于真空袋内，如图3.1（a）所示。将整个密封装置推入热压罐内，接上抽真空管线，将真空袋内和热压罐内抽真空，并按规定的固化工艺进行升温、加压固化。

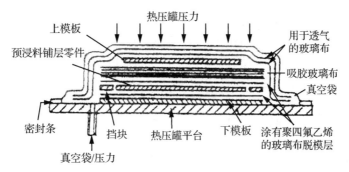

（a）真空袋组合系统

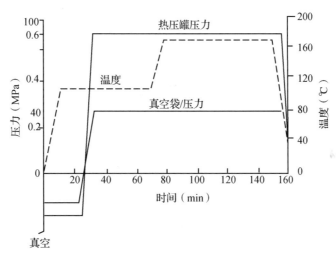

（b）双压／双真空固化过程示例

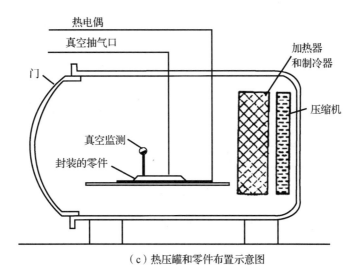

（c）热压罐和零件布置示意图

图 3.1　碳纤维复合材料热压罐法成形工艺示意图

热压罐法成形，固化工艺（温度和压力的施加）的制定是其成形工艺的关键。早期是通过试验，测出高聚物基体的起始反应温度，在给定压力和温度下的流动性，凝胶转变以及最终固化物的玻璃化转变温度等力学性能，依此确定合理的固化工艺。20 世纪 70 年代中后期，随着监控技术的发展，利用高聚物基体在固化过程中出现的物理化学性能的变化，在热压罐上配置动态介电分析、超声粘度跟踪和光纤传感器装置，对热压罐进行在线监控，从而保证温度和压力的准确应用。20 世纪 80 年代初期，针对高聚物基体的固化过程和质量要求，建立了固化理论模型，对高聚物基复合材料的固化进行计算机控制。热压罐内压力（包括真空袋内的真空负压和袋外正压）和温度的关系如图 3.1（b）所示。

热压罐成形能够精确地保证制品中的纤维方向和制品的几何尺寸形状。由于使用真空袋和加压，制品孔隙率降到 2% 以下，可以得到高质量的复合材料制品。因为成形时只有一个表面为模具控制，模具价格较模压法低廉。目前，热压罐的工作温度可达 500℃，压力通常为 2.0MPa，罐体最大尺寸为直径 7.6m、长 18m。可应用于环氧、双马来酰亚胺、聚酰亚胺等热固性和各种热塑性树脂基体复合材料及制品的成形。

热压罐成形设备示意图如图 3.1（c）所示。

### 2. 真空袋法

真空袋法成形工艺是通过橡胶袋或其他不透气的材料制成的柔性袋，将气体的压力传递到复合材料制品表面，达到赶出空气、层合致密的一种成形方法。该法成形原理如图 3.2 所示，通常在烘箱或其他能够提供热源的环境中进行，在真空压力下固化成形复合材料制件，压力最多只能达到 0.1MPa，因低压不致压坏芯子，故该法适用于成形 1.5mm 的薄板件和蜂窝结构件。

真空袋法成形设备简单，投资少，便于操作并可成形复杂曲面，故在实际修理工作中多用此法。

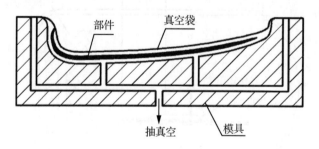

图 3.2　真空袋法成形工艺示意图

### 3. 压力袋法

压力袋法是在真空袋法的基础上发展而来的，其成形原理如图 3.3 所示。成形时除真空压力外，还可加上 0.1~0.2MPa 由压缩空气产生的压力，拓宽了制件成形的范围，同时具有真空袋法相同的优点。

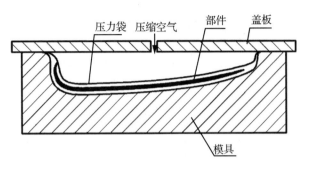

图 3.3　压力袋法成形工艺示意图

### 4. 模压成形

模压成形法是利用带有热源的模具对复合材料毛坯进行加温、加压、固化的一种工艺方法，如图 3.4 所示。该法外形精度高，制件内部质量好，适用于成形复杂结构的零件，但零件尺寸不宜太大。

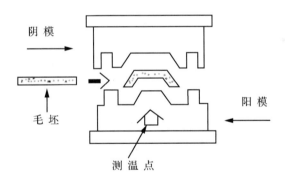

图 3.4　模压成形工艺示意图

### 5. 缠绕成形

缠绕成形是连续长纤维在张力的控制下，按预定路径高速而精确地缠绕在转动芯轴上的一种工艺方法，如图 3.5 所示。就缠绕方式而言，可有极向缠绕、周向缠绕、螺旋缠绕及它们之间的混合缠绕。该法纤维连续，适用于制造回转形、筒形零件，如飞机机身、发动机进气道等零件。

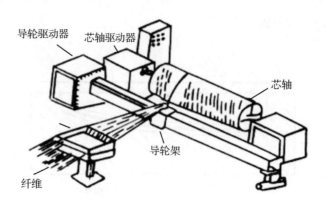

图 3.5　缠绕成形工艺示意图

## 6. 拉挤成形

拉挤成形是将浸有树脂的连续长纤维通过成形模具迅速固化而形成制件的一种工艺方法，如图 3.6 所示。该法便于连续生产，适用于制造各种截面形状的长连续体零件，既可以是等截面的，也可以是变截面的，纤维以 0° 方向为主，也可排成 ±45° 等方向。

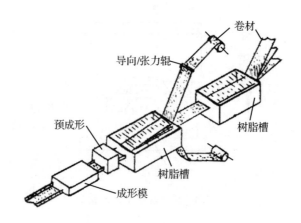

图 3.6　拉挤成形工艺示意图

## 7. 树脂转移模塑成形（RTM）

树脂转移模塑成形是预成形件/树脂转移成形法的简称，又称树脂传递模塑法或 RTM 技术。树脂转移模塑成形法首先用缝纫、编织或胶粘等方法将增强纤维或织物制成所需的构件形状（预成形件）；成形时，将预成形件放入模具中，采用压力注射树脂的方法［见图 3.7（a）］或将树脂膜熔化后，在自上而下的压力作用下流经整个预成形件厚度［见图3.7（b）］等方法完成树脂浸渍，并固化成形得到构件。

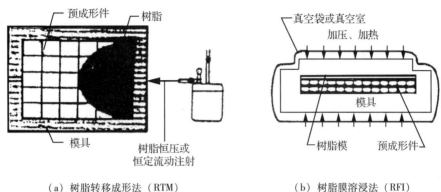

（a）树脂转移成形法（RTM）　　　　　（b）树脂膜溶浸法（RFI）

图 3.7　预成形件/树脂转移成形工艺示意图

预成形件/RTM 或 RFI 是一项正在积极开发、大力推广应用的可降低复合材料成本的工艺方法，如 F-22 正弦波翼梁、前机身隔框就是采用这种方法制成的。该法适用于制造大型板壳件，也适用于制造小型高精度零件。预成形件/RTM 或 RFI 工艺方法有如下优点：

- 适用于各种铺放形式与毛坯构型的复杂构件；
- 整体性好，减少机械连接，几乎无余量加工；
- 与手工铺叠相比，工时消耗降低 2/3；
- 可采用低成本的纤维/树脂体系（仅在受拉面加少量中模量纤维）；
- 无需昂贵的预浸料；
- 有效地改善劳动强度与环境条件。

但预成形件/RTM 或 RFI 工艺方法对树脂、模具和预成形件均有特殊要求。

各种成形工艺方法的特点与适用范围见表3-1。

表3-1　复合材料成形工艺方法的特点与适用范围

| 方法名称 | 特　　点 | 适用范围 |
|---|---|---|
| 热压罐成形 | 热压罐提供均匀的高温度、高压力场；制件质量高；但设备昂贵、耗能大 | 大尺寸复杂型面蒙皮壁板、高性能构件 |
| 真空袋成形 | 真空压力低（＜0.1MPa）、均匀温度场、设备简单、投资少、易操作 | 1.5mm 以下板件和蜂窝件 |
| 压力袋成形 | 同真空袋成形，压力袋压力为 0.2～0.3MPa | 低压成形板、蜂窝件 |
| 软模成形 | 借助橡胶膨胀或橡胶袋充气加压，要求模具刚度足够大，并能加热 | 共固化整体成形件 |
| 模压成形 | 压机加压、模具加热；尺寸有限，模具设计难；制件强度高、尺寸精确 | 叶片等小板壳件 |

| 方法名称 | 特　　　点 | 适用范围 |
|---|---|---|
| 缠绕成形 | 纤维在线浸渍并连续缠绕在模具上，再经固化成形 | 简壳、板材 |
| 纤维自动铺放法 | 多轴丝束或窄带（3mm宽）在线浸渍后自动铺在模具上，并切断、压实，再经固化成形 | 凹凸模型面零件批量生产 |
| 拉挤成形 | 纤维在线浸渍后直接通过模具快速固化成形；连续、快速、高效生产 | 型材、规则板条 |
| 预成形件/树脂转移成形（RTM方法） | 树脂在面内压力下注射到预成形件内后再固化成形。要求模具强度、刚度足够，并合理安排树脂流向和注射入口与冒口；制件重复性好、尺寸精度高、厚度方向性能高 | 复杂高性能构件 |
| 预成形件/树脂膜熔浸法（RFI方法） | 树脂膜熔化后沿厚度方向浸透预成形件，再固化成形。可采用单面模具；制件厚度方向性能高、重复性好、尺寸精度高 | 复杂高性能构件 |
| 低温固化成形 | 低温（80℃以下）、低压（真空压力）固化树脂体系复合材料的成形工艺。目前构件性能与普通环氧树脂构件相当 | 小批量生产的构件 |

关于树脂基复合材料成形工艺的几点补充说明。

①预浸料热压罐或软模、压力袋等成形工艺的方法可获得力学性能优良、尺寸精确、重复性好的高质量零构件。共固化整体成形技术可制备大型整体飞机结构件，能大大减少装配、连接的工作量，提高结构效率。目前，复合材料飞机结构件主要采用这类成形工艺方法成形。这类方法中预浸料制备与贮存的投资和热压设备的投资均较大，而且能耗高，再加之目前仍以手工铺层为主，故制造成本较高。

②纤维在线浸渍（或称为液体复合材料成形，LCM），没有预浸料制备过程，生产效率高。在纤维缠绕法的基础上发展起来的纤维自动铺放法，是高度自动化、机械化的铺层方法。其关键技术是研制高度自动化的多轴纤维自动铺放机。目前应用较多的纤维自动铺放设备为7轴式、多丝束铺放头，可同时铺放大约30条3mm窄带；铺放速度大约6m/min；计算机程序控制，铺放精度可达到3/1000；铺层时还可进行压实或固化。

③预成形件/树脂转移形成工艺的方法目前正在积极开发，并推广应用。将纤维通过编织或织物缝合等技术手段制成所需构件形状的三维增强材料预成形件，以期解决（层合结构难以解决的）层间强度差问题。树脂浸渍预成形件的方式大致可分为两类：以树脂面内压力注入预成形件的树脂转移成形（简称RTM技术）为代表的一类和以树脂膜熔化后Z向（厚度方向）浸渍预成形件的树脂膜熔浸成形（简称RFI技术）为代表的另一类（见图3.7）。预成形件制备的设备投资很大，成形工艺需用RTM、RFI专用树脂，适合批量生产采用。

④低温固化成形工艺技术是采用低温（80℃以下）、低压（真空压力）固化树脂复合材料来制备高性能构件的成形技术，适合小批量生产应用。低温固化成形工艺的关键是研制开发低温、低压固化的高性能树脂，即达到目前航空制件性能水平的低温固化树脂。

## 3.1.2　整体化成形工艺

复合材料结构件整体化成形工艺主要有共固化、二次固化、二次胶接以及预成形件/RTM 或 RFI 成形工艺，也包括缠绕成形工艺。图 3.8 给出了多次固化成形与共固化成形比较的例图。

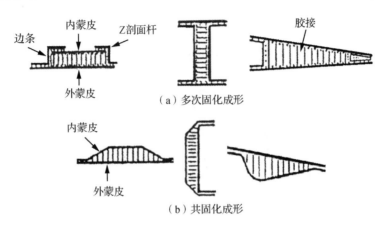

图 3.8　多次固化成形与共固化成形比较

共固化结构的组合零件在未固化时应是可分离的，以便于在生产过程中对各个零件的毛坯进行铺贴和预处理，如图 3.9 所示。图 3.9 的（a）图，部分加强筋与蒙皮成一体，无法分别铺贴及预处理，不能共固化；（b）图，加强筋和蒙皮可分，利于铺贴及预处理，可以共固化。需采用芯模成形的共固化结构在设计时应留有足够大的开口，以保证固化后芯模能够从构件中取出，如图 3.10 所示。

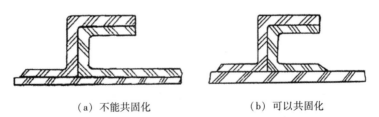

（a）不能共固化　　　　　　　　（b）可以共固化

图 3.9　共固化成形结构的零件组成

图 3.10　帽型加筋零件芯模开口示意图

在飞机上采用的复合材料共固化结构主要有：共固化加筋结构、共固化盒状结构、共固化夹层结构。三类结构的形式见图 3.11，三类主要结构的使用范围见表 3-2。

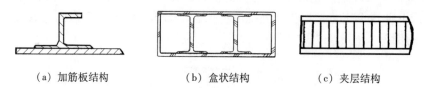

（a）加筋板结构　　　　　（b）盒状结构　　　　　（c）夹层结构

图 3.11　复合材料共固化结构的类型

**表 3-2　主要共固化结构的使用范围**

| 结构类型 | 使用部位 | 共固化工艺 |
|---|---|---|
| 共固化加筋结构 | 翼面壁板、机身壁板、舱门 | 整体共固化 |
| 共固化盒状结构 | 多墙结构垂尾，机身上、下壁 | 整体共固化或胶接共固化 |
| 共固化夹层结构 | 机身壁板、操纵舵面、各类口盖 | 胶接共固化或整体共固化 |

## 3.2　复合材料的机械加工

复合材料制件成形后，机械加工的工作量一般并不大，主要有制件切割，边缘余量修切；连接装配中则有钻孔、铰孔和锪窝等。

### 3.2.1　常规机加工方法

#### 1. 切割和修边

复合材料切割加工的常用工具有手锯、带锯、机床等，边缘铣切加工可手动铣切，也可机床铣切等。切割面积较小、厚度也较薄的复合材料时，也可直接用刀片切割。玻璃纤维增强热固性基体层压板，采用手锯或圆锯切割。

热塑性复合材料采用带锯和圆锯等常用工具时要加冷却剂。石墨/环氧复合材料最好用镶有金刚石或立方碳化硼的刀具切割，且锯切时控制锯子力度对保证切面质量至关重要。虽然锯切温度也是一种要控制的因素，但一般影响不大，因锯切时碰到的最高温度一般不会超过环氧树脂的软化温度（182℃）。

金属基复合材料可用镶有金刚石的线锯锯切，不过其切割速度较慢，而且只能作直线锯切。陶瓷基复合材料可采用金刚石砂轮进行锯切，有两种速度：一种是 250r/min，另一种是 4000r/min。这种锯切会使切割面的陶瓷基复合材料有相当大的损坏。不过在较高锯切速度时，损坏虽大，但断面较为均匀。

### 2. 钻孔、铰孔和锪窝

复合材料的钻孔、铰孔和锪窝是复合材料制件连接装配时常碰到的工艺操作，但如不小心则会给复合材料造成严重的损伤，如分层、边缘起毛和出口处劈裂等。工作中要用特殊的刀具，一般由硬质合金或金刚石制成，并要正确选择刀具的参数。钻孔时以低进给大转速为好，铰孔和锪窝时则以低转速为好，加工时刀具要注意保持锋利。钻孔加工时制件背面尽可能要垫有木板或者硬塑料板，并用相应夹具夹紧，以防止出口端分层、劈裂。

在复合材料上钻孔、铰孔和锪窝时，一般采用干法加工，即切削加工时不加冷却润滑液。大多数热固性复合材料层合板经钻孔和仿形铣后会产生收缩，因此精加工时要考虑一定的余量，即钻头或仿形铣刀尺寸要略大于孔径尺寸，并用碳化钨或金刚石钻头或仿形铣刀。另外，钻头必须保持锋利，必须采用快速去除钻屑和使工件温升最小的工艺。

热塑性复合材料钻孔时，更要避免过热和钻屑的堆积，为此钻头应有特定螺旋角，和宽而光滑的退屑槽，钻头切削刃要用特殊材料制造。采用的钻速不仅与被钻材料有关，而且还与钻孔大小和钻孔深度有关。一般手电钻转速为 900r/min 时效果最佳，而气钻为 2100r/min 和进给量为 1.3mm/s 时效果最佳。

## 3.2.2　机加工参数

### 1. 钻头

（1）在纤维复合材料上钻孔时，应遵从以下钻头使用原则：

①修理过程中，尽可能控制钻机的进给量，用手持钻机钻孔时，钻头最大直径为 8mm；

②为确保钻孔在层压板表面正确排布，可使用钻孔模具或带钻套的样板；

③防止钻头攻出边分层和纤维损伤，尽可能使用背衬支撑，如硬木块、玻璃钢块等；

④防止钻孔过程中钻头过热引起分层和纤维损伤，必要时可采用水冷却法防止过热；

⑤为确保钻孔尺寸精度和钻头使用寿命，钻头应经过机加研磨。

（2）用于碳纤维和玻璃纤维复合材料（CFRP/GFRP）的钻头，基本技术参数见图 3.12。

（3）用于碳纤维和芳纶复合材料（CFRP/AFRP）的钻头，基本技术参数见图 3.13。

刀具材料：硬质合金或硬质合金尖

图 3.12　CFRP/GFRP 加工用钻头的基本参数

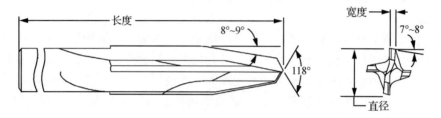

图 3.13　CFRP/AFRP 加工用钻头的基本参数

（4）玻璃钢和石墨-环氧复合材料钻孔加工钻头及机加工参数，如表3-3 所示。

表 3-3　玻璃钢和石墨-环氧复合材料钻孔参数

| 材料 | 玻璃钢 | | | 石墨-环氧 | | |
|---|---|---|---|---|---|---|
| 钻头类型 | 1. ST-10-907-H；　2. ST 1257B | | | 1. ST-10-907-H；　2. ST 1257B | | |
| 钻头尺寸（in） | 最高转速/RPM（干法） | 最高转速/RPM（湿法） | 进给量/IPR | 最高转速/RPM（干法） | 最高转速/RPM（湿法） | 进给量/IPR |
| 1/16 | 6000 | 6000 | 0.005 | 6000 | 6000 | 0.002 |
| 0.09 | 6000 | 6000 | 0.005 | 6000 | 6000 | 0.002 |
| 0.12 | 6000 | 6000 | 0.005 | 6000 | 6000 | 0.002 |
| 5/32 | 6000 | 6000 | 0.005 | 6000 | 6000 | 0.002 |
| 0.18 | 6000 | 6000 | 0.005 | 6000 | 6000 | 0.002 |
| 7/32 | 6000 | 6000 | 0.005 | 6000 | 6000 | 0.002 |
| 1/4 | 6000 | 6000 | 0.005 | 6000 | 6000 | 0.002 |
| 0.31 | 5000 | 6000 | 0.005 | 6000 | 6000 | 0.002 |
| 3/8 | 5000 | 6000 | 0.005 | 6000 | 5000 | 0.002 |
| 1/2 | 3000 | 5000 | 0.005 | 5000 | 3000 | 0.002 |
| 5/8 | 3000 | 3000 | 0.005 | 3000 | 3000 | 0.002 |
| 3/4 | 2000 | 3000 | 0.005 | 3000 | 2000 | 0.002 |
| 1 | 1000 | 3000 | 0.005 | 3000 | 1000 | 0.002 |

（5）含有金属元素复合材料钻孔加工钻头及机加工参数，如表 3-4 所示。

表 3-4 含金属元素复合材料钻孔参数

| 材料 | 石墨-环氧和铝层积 | | | 石墨-环氧和钛层积 | | |
|---|---|---|---|---|---|---|
| 钻头类型 | 1. ST-10-907-H | | | 1. ST-10-907-H；　2. ST 7096-BG | | |
| 钻头尺寸（in） | 最高转速/RPM（干法） | 进给量/IPR | 最高转速/RPM（干法） | 最高转速/RPM（湿法） | 进给量/IPR |  |
| 1/16 | 6000 | 0.002 | 850 | 1275 | 0.001 |  |
| 0.09 | 6000 | 0.002 |  | 1200 | 0.001 |  |
| 0.12 | 5000 | 0.002 |  | 800 | 0.001 |  |
| 5/32 | 5000 | 0.002 | 500 | 750 | 0.001 |  |
| 0.18 | 3000 | 0.002 |  | 600 | 0.002 |  |
| 7/32 | 3000 | 0.003 | 375 | 550 | 0.002 |  |
| 1/4 | 3000 | 0.004 | 300 | 450 | 0.002 |  |
| 0.31 | 3000 | 0.004 |  | 300 | 0.004 |  |
| 3/8 | 2000 | 0.004 | 200 | 300 | 0.004 |  |
| 1/2 | 1500 | 0.006 | 150 | 225 | 0.004 |  |
| 5/8 | 1250 | 0.006 | 125 | 190 | 0.004 |  |
| 3/4 | 1000 | 0.008 | 100 | 150 | 0.006 |  |
| 1 | 750 | 0.008 | 75 | 110 | 0.006 |  |

## 2. 切割机

在对复合材料进行维修时，经常要去除损伤部位的材料，这时可采用切割机磨去或割去损伤部位的材料，如图 3.14 所示。

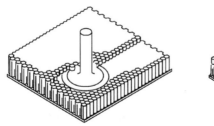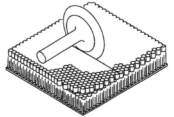

图 3.14 切割机加工复合材料

切割机的主要参数有转速、砂轮片直径和砂轮粒度等。

有关复合材料结构机械加工的其他要求，请参照各机型结构修理手册（SRM）中的相关章节。

### 3.2.3 特种加工方法

常规的机械加工方法简单、方便，工艺较为成熟，但加工质量不高，易损坏加工件，刀具磨损快，而且难以加工形状复杂的工件。

随着特种加工技术的发展，其在复合材料加工领域的应用也越来越广，如激光束加工、电火花加工、超声波加工和高压水切割加工等都已应用于复合材料的加工。

复合材料的特种加工方法各有特色。激光束加工的特点是切缝小、速度快、能大量节省原材料和可以加工形状复杂的工件。电火花加工的优点是切口质量高，不会产生微裂纹，唯一不足的是工具磨损太快。超声波加工的特点是加工精度高，适宜在硬而脆的材料上打孔和开槽。高压水切割加工因其诸多优点，现已广泛用于复合材料的机加工。

高压水切割加工，加工切屑量少，只有传统加工工艺的 15% ~ 20%，且高压射流可形成真空，产生一个向下的吸力，使切屑同水流一起流走，避免切屑飞扬。高压水切割加工过程中，噪音小（低于80dB），不会产生有害气体，改善了工作环境，有利于保护操作者的身心健康。

高压水切割加工工艺性能好。高压水切割加工的切缝狭窄（0.1 ~ 0.8mm），原材料损耗低；切口整齐、光滑，无毛刺，板材两面的切缝宽度基本相同，不产生分层和变形。此外，高压水切割加工时，工件无须加热，不会因产生热应力而变形。

高压水切割加工是无刃切割，无需刀具，故不需要磨刀和换刀，并且射流中的磨料和废水可以回收，处理后可重复使用；高压水切割加工设备的价格相对较低，且加工后不需要修整，节省人力。因此，高压水切割加工成本低。

不难看出，复合材料特种加工方法具有的优点：刀具磨损小、加工质量高、能加工复杂形状的工件、容易监控和经济效益高等，这些恰恰是常规机械加工方法难以做到的，因此，复合材料特种加工方法可以看做是未来复合材料加工的发展方向。

**复习思考题**

3.1 复合材料结构成形的特点是什么？

3.2 树脂基复合材料成形的工艺方法主要哪几种？

3.3 简述热压罐法成形的工艺过程和特点。

3.4 简述树脂转移模塑成形的工艺过程和特点。

3.5 共固化成形的特点是什么？飞机复合材料哪些结构可以共固化成形？

3.6 复合材料构件成形后，机加工的主要类型有哪些？

3.7 简述复合材料各种常规机加工方法的工艺要求和注意事项。

3.8 复合材料有哪些特种加工方法？其各自的特点是什么？

# 第 4 章　飞机复合材料修理常用工具、设备及其使用

## 4.1　飞机复合材料修理常用工具及其使用

飞机复合材料修理涉及的工具较多，按照使用用途可分为制孔工具、切割工具、打磨和抛光工具、夹具、树脂和胶应用工具等。

### 4.1.1　制孔工具及其使用

#### 1. 钻枪

飞机复合材料修理中一般使用手持式气动钻枪，但在航线维修时有时也会用到充电池钻枪。气动钻枪有直柄式、90°弯头式、枪式等多种形式。钻枪（Drill Motor）常用来驱动钻头、锪钻、铰刀、孔锯等工具。

#### 2. 钻头

钻头（Drill）与钻枪配合使用。航空工业使用的传统钻头可用于复合材料的钻孔，但存在两个方面的问题：其一是钻头寿命短；其二是容易出现材料分层。因此飞机复合材料修理中经常用到一些特殊钻头，它们的材质一般都是硬质合金或高速钢；同时构型也有特别要求，如花头钻头（曲刃钻头）、锥形铰刀钻头、硬质合金镶嵌头钻头、钻锪复合钻头等。

（1）花头钻头（曲刃钻头）

花头钻头的构型如图 4.1 所示，它的特殊几何形状避免了材料内部的断裂和分层，常用于 Kevlar 材料的钻孔。使用花头钻头钻孔时为防止错动，工件要固定牢靠，避免钻孔过程中振动；同时进刀速度必须慢，并建议在正式钻孔之前先在小块材料上试钻几个样孔以取得经验。

（2）锥形铰刀钻头

锥形铰刀钻头的构型如图 4.2 所示，它是钻孔和扩孔的组合钻头。锥形铰刀钻头大量用于玻璃纤维和碳纤维复合材料的钻孔，但不能在 Kevlar 材料上成功使用。使用锥

形铰刀钻头钻孔时为防止错动，工件要固定牢靠，避免钻孔过程中振动；同时进刀速度必须慢，并建议在正式钻孔之前先在小块材料上试钻几个样孔以取得经验，钻削的线速度经常保持在 3～4 m/min。

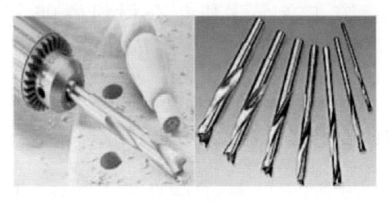

图 4.1　花头钻头

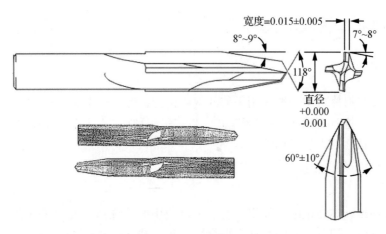

图 4.2　锥形铰刀钻头

（3）硬质合金钻头

硬质合金钻头在其切削部分镶嵌硬质合金刀片，其构型如图 4.3 所示，它的顶角一般为 118°或 135°。

（4）金刚石钻锪复合钻头

金刚石钻锪复合钻头在其切削部分镶嵌金刚石刀片，其构型举例如图 4.4 所示。钻锪复合钻头可使钻孔和锪窝一次完成。

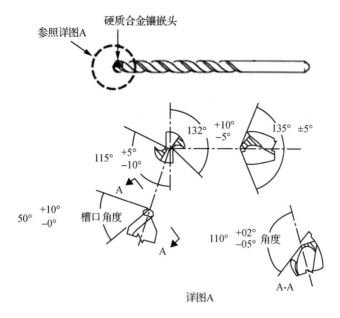

图 4.3　硬质合金镶嵌头钻头

图 4.4　金刚石钻锪复合钻头

## 3. 铰刀

在复合材料工件上精确制孔时需要用到铰刀（Reamer），波音飞机结构修理手册（SRM）推荐的铰刀构型，如图 4.5 所示。铰刀通常与钻枪配套使用，也可手动铰孔。

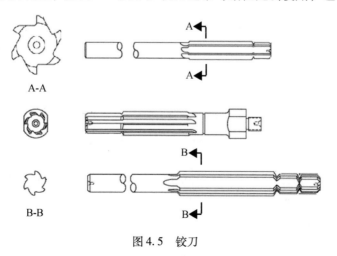

图 4.5　铰刀

## 4. 锪钻和限位套

锪钻（Coutersink）用于在复合材料工件上加工埋头窝。复合材料修理中通常用到的锪钻有硬质合金锪钻、多晶金刚石锪钻、金刚石锪钻和高速钢锪钻。通常锪钻与限位套（Microstop Coutersink）配合使用。限位套可限定锪窝的深度，通过调节限位套可调节锪窝的深度。

（1）硬质合金锪钻

硬质合金锪钻的构型举例如图4.6所示，它又分整体硬质合金头部和硬质合金镶嵌头等形式。硬质合金锪钻可用于加工 Kevlar 纤维、碳纤维或玻璃纤维，钻削时钻枪的转速一般为 90~950r/min。

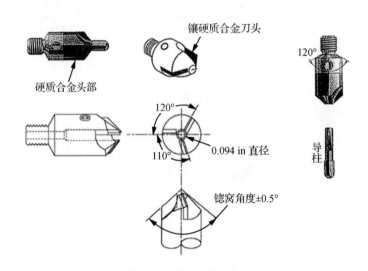

图 4.6 硬质合金锪钻

（2）多晶金刚石锪钻

多晶金刚石锪钻的构型如图4.7所示，它常用于加工 Kevlar 纤维、碳纤维和玻璃纤维，钻削时钻枪的转速一般为 500~1500r/min。多晶金刚石锪钻比标准的硬质合金锪钻更耐用。

（3）金刚石锪钻

金刚石锪钻的构型如图4.8所示，它常用于加工碳纤维、玻璃纤维等耐磨性强的复合材料，钻削时钻枪的转速一般为 3000~5000r/min。

（4）高速钢锪钻

高速钢锪钻的构型，举例如图4.9所示，它仅用于加工 Kevlar 纤维，钻削时钻枪的转速一般为 90~750r/min。图例中锪钻的刃口设计非常特别，这样可以确保高质量的切削效果，避免纤维起毛刺。

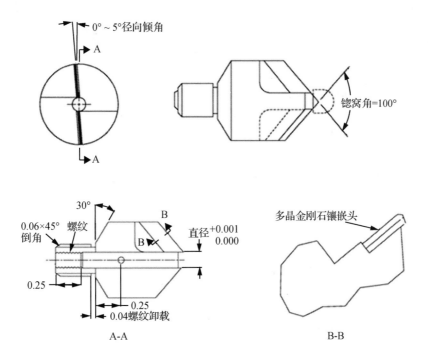

图 4.7　多晶金刚石锪钻

图 4.8　金刚石锪钻

图 4.9　高速钢锪钻

（5）锪钻限位套

锪钻限位套的构型，举例如图4.10所示。不同构型的锪钻限位套在使用时，最大允许转速有所不同。

图4.10　锪钻定深套及其使用

## 5. 其他制孔工具

其他制孔工具有钻孔导向块（Drill Guide Block）、引孔器、钻头限位器、钻孔导向座（Drill Guide Housing）等，它们的构型举例如图4.11所示。

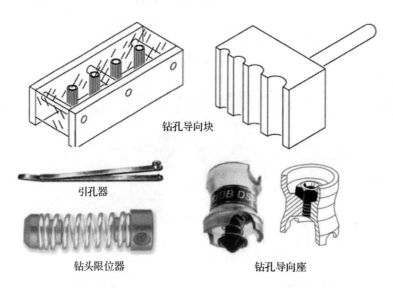

钻孔导向块

引孔器

钻头限位器　　　　　钻孔导向座

图4.11　钻孔导向块、引孔器、钻头限位器和钻孔导向座

## 6. 在复合材料上制孔的注意事项

在复合材料工件上制孔时应注意以下事项：

（1）气钻枪必须处于良好状态，能在 3000~6000r/min 的转速下工作。

（2）根据不同材质的加工对象选择对应的钻头和对应的钻孔转速。

（3）建议在较薄的复合材料工件上钻孔时，将钻头安装在钻头限位器上使用。

（4）钻孔时要控制好钻削速度。如有可能，尽量在钻孔工件的背面用木板顶住以防止出口的分层。

（5）钻孔时要控制驻留时间以免钻孔尺寸超差，驻留时间指孔钻通以后钻头的留孔时间。

（6）钻孔时钻头要与工件保持垂直。

（7）钻尺寸较大的孔时，建议先钻引导孔。

## 4.1.2　切割工具及其使用

在复合材料修理中，使用各种不同的手工工具来切割损伤部位，常用的切割刀具有铣头、铣刀、旋转锉、孔锯、切割锯片、剪切器和剪刀、切割刀等；与之配套使用的动力工具有镂铣机、研磨机、钻枪、切割机等。蜂窝芯材料加工时还会用到一些专用的切割工具。

### 1. 镂铣机

镂铣机（Router Motor）也叫气动铣，常用来驱动铣头、铣刀等工具，大量用于复合材料的切割、修边和损伤部位的去除等修理工作。大多数的镂铣机以 20000~30000r/min 的转速有效工作。镂铣机的常见构型如图 4.12 所示，它的使用举例如图 4.13 所示。

图 4.12　镂铣机

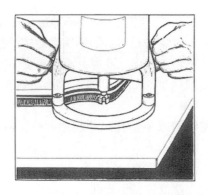

图 4.13　镂铣机的使用

## 2. 研磨机

研磨机（Grinder）有直柄式和弯头式两种构型，举例如图 4.14 所示，飞机复合材料修理工作中使用最多的研磨机是 90°角弯头式研磨机。研磨机常用来驱动铣头、铣刀、旋转锉等工具，弯头式研磨机也是常用的打磨工具（注：后面章节将介绍）。

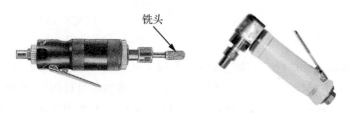

铣头

图 4.14　研磨机及其使用

## 3. 铣头

铣头（Router）与镂铣机或研磨机配合使用，常用于切割或打磨复合材料板件。铣头的构型举例如图 4.15 所示，一般选用硬质合金材料制作。

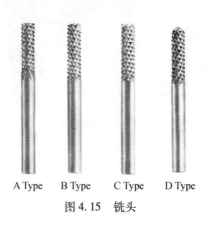

A Type　　B Type　　C Type　　D Type

图 4.15　铣头

## 4. 铣刀

铣刀（Router）与镂铣机或研磨机配合使用，它的常见构型如图 4.16 所示，其中 B 型常用于蜂窝板材的切割。铣刀一般选用硬质合金材料制作。

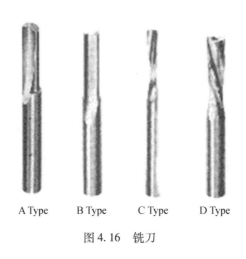

A Type　　B Type　　C Type　　D Type

图 4.16　铣刀

## 5. 旋转锉

旋转锉（Burr）与研磨机配合使用，它有柱形、柱形圆头、球形等多种构型，如图 4.17 所示。旋转锉一般选用硬质合金材料制作。

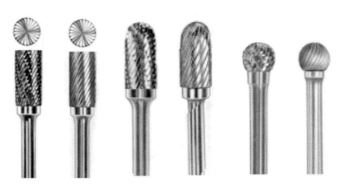

图 4.17　旋转锉

## 6. 曲线锯（马刀锯）

曲线锯（马刀锯）能上下往复切割多种板材。切割玻璃纤维和碳纤维等复合材料板通常使用硬质合金镶嵌头的锯片。曲线锯有电动和气动两种形式，通常要求上下往复切割速度达到 2500 次/分钟。

### 7. 圆盘切割机与切割轮

圆盘切割机和切割轮的构型举例如图 4.18 所示。用于切割复合材料板件的切割轮通常有金刚石切割轮和硬质合金镶嵌头切割轮两种形式。切割轮的大小一般选用4～5in直径。使用圆盘切割机切割之前要将切割轮安装紧固，以防止切割轮在轴上打滑；同时切割一段时间时要让切割轮适当冷却，以延长工具的寿命。

图 4.18　圆盘切割机和切割轮

### 8. 连体带柄金刚石锯片

连体带柄金刚石锯片的构型举例如图 4.19 所示，它与研磨机配合使用。使用连体带柄金刚石锯片切割复合材料板时，切割一段时间时要让其切割轮适当冷却，以延长工具的寿命。

图 4.19　连体带柄金刚石锯片

### 9. 孔锯

孔锯（Hole Saw）的构型举例如图 4.20 所示，它用于在纤维复合材料板件上切割1～7/2in直径的孔，通常采用金刚石或硬质合金作切削刀刃。孔锯通过驱动轴与钻枪配合使用。

图 4.20　金刚石孔锯

## 10. 剪切器和剪刀

用于剪切复合材料板件或纤维材料的剪切器（Shear）和剪刀（Scissors）有电动、气动和手动构型，举例如图 4.21 所示。

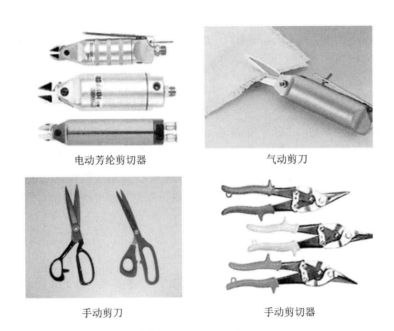

电动芳纶剪切器　　　　　　　气动剪刀

手动剪刀　　　　　　　　手动剪切器

图 4.21　剪切器和剪刀

切割玻璃纤维和碳纤维板材或织布可以选用常规的剪切器和剪刀，切割 Kelvar 或其他芳纶纤维板材或纤维时最好选用特别硬化的剪切器和剪刀。动力剪切器和剪刀经常镶嵌硬质合金刀头，这种剪切器和剪刀特别适用于切割复合材料板材、预浸料和厚度大的纤维布。

## 11. 切割刀

飞机复合材料修理工作中广泛使用切割刀（Cutter），如用于薄铝蒙皮的切割、复合材料蒙皮的切割、复合材料板材的切割和蜂窝芯的切割等。切割时通常使用模板来引导刀刃的切割路线，刀刃必须保持清洁，也要经常更换刀片。切割刀和刀片的构型举例如图4.22所示。

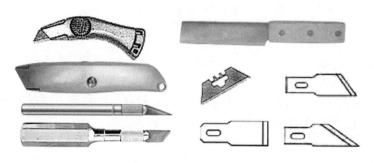

图4.22　切割刀与刀片

## 12. 蜂窝芯材料切割专用工具

### （1）蜂窝造型切割刀（Value Stem Cutter）

蜂窝造型切割刀的构型如图4.23所示，它有两片组合式和整体式两种形式，两片组合式可更换刀片。这种切割刀用高速钢制造，主要设计用于铝蜂窝芯的切割。加工时为了完成锥度或楔形切割，经常使用角度调节板。蜂窝造型切割刀的使用如图4.24所示。

两片组合式蜂窝造型切割刀　　　　整体式蜂窝造型切割刀

图4.23　蜂窝造型切割刀

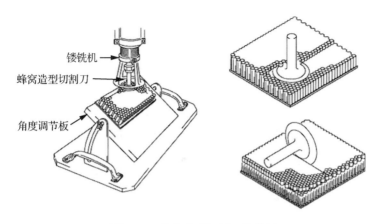

图 4.24　蜂窝造型切割刀的使用

（2）整体型蜂窝粉碎铣刀

整体型蜂窝粉碎铣刀的构型如图 4.25 所示，它有两件式和三件式两种形式，其刀片采用整体硬质合金刀片、金刚石涂层刀片和高速钢刀片三种形式。其使用举例如图 4.26 所示。

两件式　　　　　　三件式

图 4.25　整体型蜂窝粉碎铣刀

图 4.26　整体型蜂窝粉碎铣刀的使用

（3）蜂窝夹层铣刀

蜂窝夹层铣刀主要用于去除蜂窝夹层结构边缘或安装孔边缘约 1～2cm 深度、两层蒙皮之间的夹层，以便在开槽部位灌注填充胶，从而加固蜂窝夹层结构的边缘。铣刀的刀口往往镶嵌金刚石、硬质合金或高速钢材料。蜂窝夹层铣刀与镂铣机配套使用。

# 4.1.3　打磨和抛光工具及其使用

## 1. 手工打磨片

手工打磨片安装砂纸后可用于小面积、动力工具不易接近区域的打磨。

## 2. 机械打磨工具

（1）研磨机与打磨片

90°弯头式研磨机安装打磨托盘和打磨片后就可以用来打磨和抛光，如图 4.27 所示。使用研磨机（Grinder）打磨时，往往将打磨片（Sanding Disk）的边缘对准打磨区域的中心，并使研磨机的移动方向与打磨托盘的旋转方向一致。实际工作中通常使用 1in、2in 和 3in 直径的打磨托盘与 80 号、100 号和 120 号的打磨片。

（2）旋转打磨机与砂纸

旋转打磨机（Random Orbital Sander）一般要求达到 9000r/min 的转速，外形上有圆盘式、平板式等形式，功能上有自带吸尘功能和不带吸尘功能两种形式。圆盘旋转打磨机的打磨托盘一般选用 5in 或 6in 直径。用在带吸尘功能旋转打磨机上的砂纸（Sandpaper）与用在不带吸尘功能旋转打磨机上的砂纸的材质不同。圆盘旋转打磨机的使用举例如图 4.28 所示。

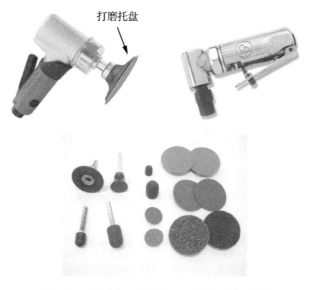

打磨托盘

图 4.27  90°弯头式研磨机、打磨托盘和打磨片

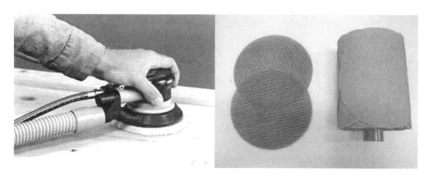

图 4.28  圆盘旋转打磨机的使用和砂纸

（3）细节打磨机

细节打磨机（Detail Sander）的构型举例如图 4.29 所示。它的打磨托盘有三角形、樱桃形、长方形等多种形式，可以根据需要更换，当安装相应形状的砂纸后，特别适合对难以接近的边角、凹槽等位置进行打磨。

图 4.29　细节打磨机及其使用

### 3. 打磨头

打磨头有多种形式，常用的构型有金刚石打磨头，如图 4.30 所示和砂砾打磨头，如图 4.31 所示。飞机复合材料修理时，对孔边或板材边缘进行少量打磨或修整工作中经常使用打磨头。

图 4.30　金刚石打磨头　　　　　　　图 4.31　砂砾打磨头

## 4.1.4　夹具及其使用

飞机复合材料修理过程中，在树脂或胶没有完全固化之前，常常使用夹具来夹持工件，以增强粘接力并防止结构产生变形。

### 1. "C" 形夹

在许多场合,"C"形夹都可被用来施加机械载荷。它能在很大的压力范围内进行调节,但应注意不要使其过紧,其构型和使用举例如图 4.32 所示。

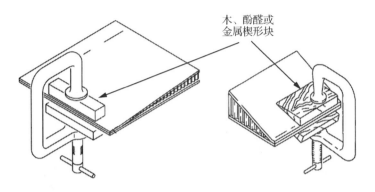

图 4.32　"C" 形夹及其使用

### 2. 其他形式的夹具

其他形式夹具的构型举例如图 4.33 所示,其使用举例如图 4.34 所示。

图 4.33　其他形式的夹具

图 4.34　其他形式夹具的使用

## 4.1.5 树脂、胶应用工具及其使用

树脂、胶应用工具包括注胶枪、注射器、刮板、毛刷、滚轮、腻子刀等。

### 1. 注胶枪

注胶枪（Sealant Gun）有气动式和手动式，注胶枪和附件的构型举例如图 4.35 所示。使用注胶枪注胶的基本方法：首先将注胶嘴和注胶筒组装好；其次将调配好的胶装进注胶筒；最后将注胶筒安装到注胶枪的不锈钢筒内，并组装好注胶枪。

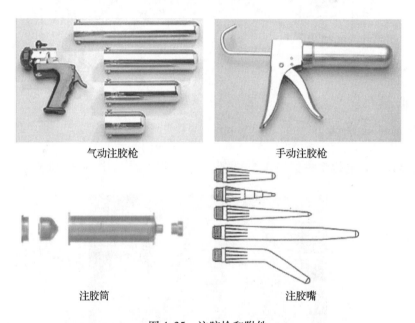

气动注胶枪　　　　　　　　　　手动注胶枪

注胶筒　　　　　　　　　　注胶嘴

图 4.35　注胶枪和附件

### 2. 注射器

注射器（Syringer）的应用如图 4.36 所示。注射器一般用于注射少量的胶、树脂，而且注射的胶、树脂的黏度要小、流动性要好。

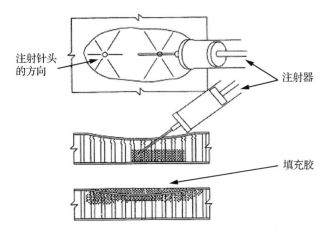

图 4.36　注射器的使用

## 3. 材料推滚

材料推滚（Material Roller）的构型举例如图 4.37 所示。当用树脂浸渍纤维布时，使用推滚在分离膜上面滚动以驱赶树脂流动，从而使纤维布均匀浸渍。

图 4.37　材料推滚

## 4. 刮板和毛刷

飞机复合材料修理时，使用刮板（Resin Applicator）和毛刷（Brush）等工具将树脂、胶应用到修理区域或纤维布上，并涂刮均匀。其构型举例如图 4.38 所示。

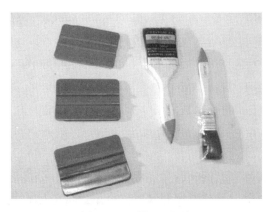

图 4.38　刮板和毛刷

### 4.1.6　其他工具

复合材料修理中也会经常用到许多通用的其他工具，如锉刀、锤头、尖嘴钳、螺丝刀、标记笔、腻子刀、直尺和角尺等。

## 4.2　飞机复合材料修理常用设备及其使用

飞机复合材料修理涉及的设备较多，根据它们功能的不同，可分为材料储存设备、加热设备、加压设备、吸尘设备、切割设备、调胶设备、测量设备、操纵控制面配平设备和金属粘接表面处理设备等。

### 4.2.1　材料储存设备及其使用

#### 1. 冷藏冰箱、冰柜

飞机复合材料修理使用的预浸料、胶膜、树脂、胶都有一个有限的储存寿命，需要储存在低温条件下。预浸料、胶膜、部分树脂和胶需要储存在低温冷藏冰箱中，温度为 $-18℃$ 以下，如图 4.39 所示。大部分树脂、胶也需要储存在冷冻房或冰柜内，一般温度为 $5\sim25℃$，如图 4.40 所示。

图 4.39　预浸料、胶膜的储存　　　　图 4.40　树脂、胶的储存

#### 2. 卷料存放架

飞机复合材料修理中经常用到各种卷料，如纤维布、分离膜、真空袋、透气毯等，常使用卷料存放架来存放，这样可以有效减少储存空间并方便使用。

## 4.2.2 加热设备及其使用

飞机复合材料修理有热修理和冷修理两种方式，在热修理固化过程中，必须对修理部位进行加热；在冷修理过程中，如果需要加速固化过程，也需要对修理部位进行加热。常用的加热设备有烘箱、热压罐、电热毯和热粘接控制仪、加热灯和热风枪。

烘箱、热压罐和电热毯的基本工艺要求：

- 烘箱和热压罐的容积必须能容纳所修理的部件，电热毯的尺寸至少比修理补片大 2.0in。
- 加热设备必须能提供 1~8 ℉/min 的升温速度，并且能够保持 350 ℉±10 ℉ 以上的固化温度。
- 热压罐必须能够提供 85±15psi 的正压力。

### 1. 烘箱

烘箱（Oven）是用电加热并用空气循环的加热设备。烘箱上安装有指示仪表和监控仪表，记录使用过程的时间和温度。烘箱的构型和使用举例如图 4.41 所示。

图 4.41 烘箱及其使用

下面是一个典型的烘箱操作规程：

（1）开机前检查电路是否正常。

（2）开机前检查烘箱内是否有可燃物，若有，将其去除。

（3）烘箱工作过程中尽量避免打开柜门，若需要检查工件情况，应先关掉风机，且时间应尽可能短。

（4）烘箱工作过程中，要经常检查烘箱是否处于正常状态。

（5）取放工件时要戴防护手套。

（6）完成工作后应关掉电源。

（7）严格按照使用说明书对烘箱进行维护保养。

## 2. 热压罐

热压罐（Autoclave）用于复合材料制造和修理已经若干年，它是深度复合材料修理必须具备的加热设备，一般包括以下几个基本单元：压力容器、加热和气体循环单元、气体加压系统、真空系统、控制系统和装卸系统。热压罐有多种不同的加热方式，包括外部热空气加热、蒸汽加热、热油加热和电加热等。热压罐可用空气、氮气和二氧化碳作为加压气体。热压罐的构型举例如图 4.42 所示。

图 4.42　热压罐

## 3. 加热灯和热风枪

加热灯（Heat Lamp）和热风枪（Heat Gun）的构型举例分别如图 4.43 和图 4.44 所示，它们适用于对小面积或难以接近区域的修理进行加热。使用它们加热时，也要对加热区域的温度进行监控。

图 4.43　加热灯　　　　　　　图 4.44　热风枪

## 4. 电热毯

常用的电热毯（Heat Blanket）有两种：一种是常规电热毯，它一般不能折叠、弯曲，适用于平坦的结构上，如图 4.45 所示；另一种是柔性电热毯，该电热毯可根据修理件的形状弯折，以使电热毯更好地贴盖在修理区域，举例如图 4.46 所示。柔性电热毯制造成本较高。

电热毯由特种硅橡胶和加热元件构成，可以制作成不同的形状和尺寸。电热毯适合存放在相对干燥的区域，存放时要避免重物或者锋利的物体压在它的上面。

电热毯通常与热粘接控制仪配套使用。

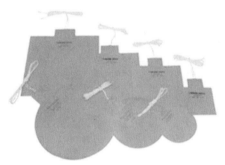 

图 4.45　常规电热毯　　　　　　　　　图 4.46　柔性电热毯的使用

## 5. 热粘接控制仪

热粘接控制仪（Hot Bond Console）简称为热补仪。热粘接控制仪包括主机和电源线、抽气管、热电偶线、真空座等附件，其构型举例如图 4.47 所示。热补仪是电热毯和抽真空设备的控制仪器，它可设定并控制电热毯的温升率、温降率、加热温度和保温时间以及抽真空等。热补仪的重量轻，便于携带，并能打印出固化过程，它的使用实例如图 4.48 所示。

不管哪种型号的热粘接控制仪，必须具备下列基本特征：
- 能控制电源输入电热毯。
- 能对铺层区域进行排气。
- 能控制真空度。
- 能自动控制的热电偶线至少 1 根。
- 人工控制的热电偶线至少 3 根。
- 可设置固化温度。
- 在固化结束时能自动断电。

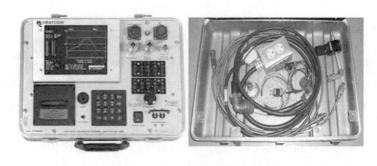

图 4.47　热粘接控制仪和附件

图 4.48　热粘接控制仪的使用

## 4.2.3　加压设备及其使用

飞机复合材料修理中，为了达到理想的修理效果，需要对整个修理部件或某个修理部位施加压力。通常有三种加压方法：机械加压，通过各种夹具或沙袋加压，参考 4.1.4 夹具及其使用；热压罐加压，通过往热压罐内输入气体对修理工件施加大于 1 个标准大气压的正压力，使用热压罐加压时通常要使用模具，参考 4.2.2 加热设备及其使用；真压袋加压，是最常用的加压方法。

抽真空加压设备包括真空袋、抽真空设备和真空度检查设备。抽真空加压的基本方法：首先用尼龙薄膜和真空封严胶条制作真空袋；其次在真空袋中放入真空座，并用抽气管连接真空座到真空泵上；接着打开气源抽出真空袋内的空气，从而使真空袋内外形成压力差，最终在真空袋上产生压力。真空压力一般保持在 22in-Hg。真空袋的使用举例如图 4.49 所示。

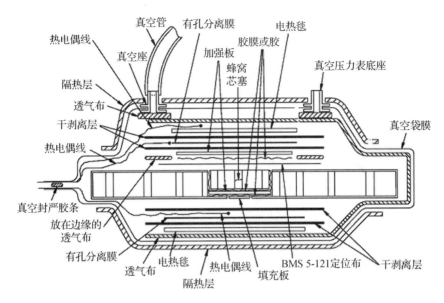

图 4.49　金属粘接使用自封真空袋进行两面损伤的修理

## 1. 真空袋

真空袋一般用尼龙薄膜和真空封严胶条制作，有三种基本类型：表面真空袋、自封真空袋和双自封真空袋。

（1）表面真空袋

复合材料修理工作中，如果只需从工件的一面安装真空袋则应用表面真空袋法，此时修理部位的另一面必须密封起来以免漏气，如图 4.50 所示。

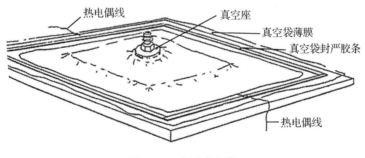

图 4.50　表面真空袋

（2）自封真空袋

复合材料修理工作中，如果需要将整个部件密封起来则应用自封真空袋，它通常用来修理小部件。使用自封真空袋时，部件的所有表面上都承受压力，真空袋的开口端用真空封严胶条密封住，如图 4.51 所示。

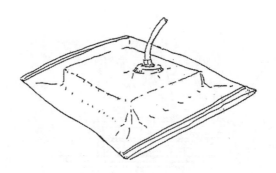

图 4.51　自封真空袋

（3）双自封真空袋

双自封真空袋用于管形结构的修理，它使管形结构的内表面和外表面同时加压。如果管形结构只有一边受压，结构将会破坏，如图 4.52 所示。

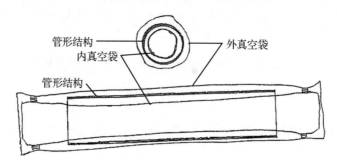

图 4.52　双自封真空袋

## 2. 抽真空设备

常用的抽真空设备有电动真空泵、气动真空泵和抽气管、真空座、真空负压表等附件，如图 4.53 和图 4.54 所示。抽真空设备必须能保持 22in-Hg 的最低压力，它的基本原理是文氏管原理。电动真空泵适合于气源不易接近区域的修理，特别适合于航线工作。

图 4.53　电动真空泵

图 4.54　气动真空泵的使用

### 3. 真空度检查设备

常用的真空度检查设备有真空度检查组件和超声波测漏仪。

（1）真空度检查组件

真空度检查组件用于检测真空泄漏和确定每分钟的泄漏速率，其构型如图4.55所示。真空度检查组件的基本操作步骤如下：

①关闭真空度检查组件上的阀门，并将真空度检查组件安装到真空袋内的真空座上。

②打开阀门并抽气，直至在修理区域产生足够的真空压力（真空压力一般保持在22in-Hg）。

③关闭阀门，观察真空负压表读数的下降。判断标准：每5min下降0到4in-Hg是可接受的；每5min下降4~7in-Hg则表示有明显泄漏；每5min下降7in-Hg以上表示真空袋制作失败，必须重新制作真空袋。

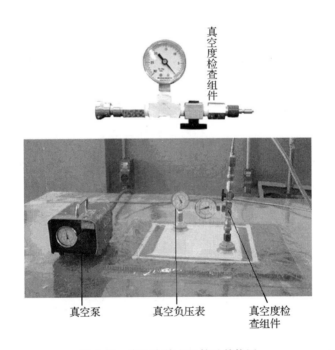

图4.55　真空度检查组件及其使用

（2）超声波测漏仪

超声波测漏仪（Ultrasonic Leak Detector）通过拾取高频声信号，如真空袋上非常小的泄漏声音来探测真空泄漏。使用超声波测漏仪时必须使用耳机，以排除周围的噪音，其使用举例如图4.56所示。超声波测漏仪的基本操作步骤如下：

①把耳机插入插座。

②戴上耳机并打开开关。

③把传感器置于真空封严胶条附近。

④调整音量和频率，使得真空泄漏的声音能被听见。

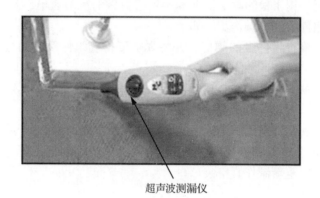

超声波测漏仪

图 4.56　超声波测漏仪及其使用

## 4.2.4　吸尘设备及其使用

### 1. 气动布袋吸尘器

气动布袋吸尘器的构型举例如图 4.57 所示，它由塑料管、吸尘器和布袋组成。使用时只需将吸尘器接通气源即可用来清除复合材料修理过程中产生的少量灰尘、松脱的纤维和其他碎屑；同时因体积较小、便于携带，它在复合材料修理工作中大量使用。

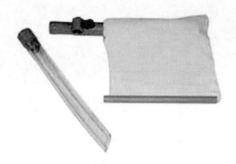

图 4.57　气动布袋吸尘袋

### 2. 移动吸尘器

飞机复合材料修理中，移动吸尘器主要有两方面的用途：其一，用来清除修理过程中产生的灰尘、松脱的纤维和其他碎屑；其二，用于吸取打磨区域的灰尘、碎屑。其构型举例如图 4.58 和图 4.59 所示，其中图 4.59 构型还可与气动打磨工具配套使用。移动吸尘器一般为电动式的，也有气动式的。

图 4.58　移动吸尘器　　　　图 4.59　可驱动气动工具的移动吸尘器

### 3. 室内固定式吸尘设备

室内固定式吸尘设备有密闭式和敞开式两种形式。在车间内部进行复合材料修理打磨工作时，特别是打磨工作量较大时，必须有室内固定式吸尘设备。而要保证较好的吸尘效果，安装在吸尘设备内部的过滤筒等过滤材料就显得非常重要，举例如图 4.60 所示。

图 4.60　室内敞开式吸尘设备和过滤筒

## 4.2.5 切割设备及其使用

### 1. 带锯

飞机复合材料修理中，常使用带锯来切割蜂窝芯材或其他复合材料板材。用于切割复合材料的带锯锯条的锯齿数建议选用 14 ~ 22 齿/英寸，切割时下面要垫一块平整的木板，以防止分层。带锯的构型举例如图 4.61 所示。

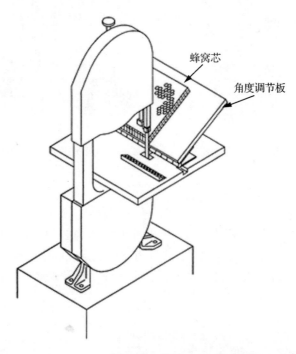

蜂窝芯

角度调节板

图 4.61 带锯

### 2. 高压水切割机

高压水切割机主要用于复合材料制造工厂。它使用 30000 ~ 50000lb/in² 压力的水做介质，当水经过一个钻石或宝石上 0.008in 的小孔时便形成很细的高压水流，该高压水流就像锋利的切割刀。使用高压水切割机切割复合材料不会产生分层或毛边，也不会产生粉尘和烟雾，同时加工热会随水流带走。

## 4.2.6 调胶设备及其使用

图 4.62 所示为某公司生产的树脂、胶调制混合机，使用调制混合机配制树脂、胶可以减少修理人员的工作量，同时使胶、树脂组分的混合更加均匀。

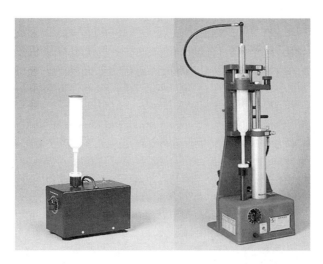

便携式树脂、胶调制混合机　　　　树脂、胶自动调制混合机

图 4.62　调胶设备

## 4.2.7　测量设备及其使用

### 1. 千分尺、游标卡尺

千分尺、游标卡尺是标准的工程测量设备，常用来检测纤维织物、复合材料层压板、复合材料夹芯板、紧固件直径等尺寸。这两种测量设备有公制和英制两种计量单位。

### 2. 电子台秤（Electronic Scale）

电子台秤可以精确称量树脂、胶、纤维等的重量，在飞机操纵控制面配平工作中也用电子台秤称量受力点的作用力的数值。电子台秤的精度可以达到 0.1g 甚至更小。复合材料修理中用到的电子台秤的构型举例如图 4.63 所示。

图 4.63　电子台秤及其使用

### 3. 压力表

压力表包括正压表和负压表（Vacuum Gauge）。负压表在飞机复合材料修理中使用较多，它在抽真空加压工作中用来显示修理区域的真空负压力，其常见计量单位有英寸汞柱（in-Hg）、巴（bar）和千帕（kpa）。负压表可以通过真空座安装在真空袋内，也可以安装在真空泵上。压力表的构型和应用举例，如图4.64所示。

图 4.64　压力表及其使用

## 4.2.8　配平架设备组件及其使用

飞机操纵控制面修理或喷漆后是否需要配平视飞机型号不同而有较大区别，Airbus系列飞机的操纵控制面一般不需要配平，而 Boeing 系列飞机的副翼组件、升降舵组件和方向舵组件在修理后一般需要配平，其中在配平架上的配平需要用到专用的配平架设备组件，主要的配平架设备零件如表4-1所示。

表4-1　配平架设备组件主要零件清单

| 序号 | 零件英文名称 | 零件中文名称 |
|---|---|---|
| 1 | Balance Jig | 配平架 |
| 2 | Adjustable Tool Stand Assembly | 可调节工具架组件 |
| 3 | Platform Scale | 电子平台称 |
| 4 | Adjustable Hinge Support for Elevator | B737 升降舵可调节铰链支撑架 |
| 5 | Adjustable Hinge Support for Aileron（B737） | B737 副翼可调节铰链支撑架 |
| 6 | Adjustable Hinge Support for Aileron（B757） | B757 副翼可调节铰链支撑架 |
| 7 | Hinge Support | 铰链支撑架 |
| 8 | Protractor Level | 角度尺 |

## 4.2.9　金属粘接表面处理设备及其使用

飞机铝合金粘接表面处理的方法有多种，其中首选工艺是磷酸阳极化。磷酸阳极化包括三种方法：槽式磷酸阳极化法（TANK PAA）、非槽式磷酸阳极化（PANTA）和磷酸阳极化密闭系统（PACS）。槽式磷酸阳极化一般用于大面积或整个零件需要磷酸阳极化的修理工作，此时需要用到磷酸阳极化槽和控制设备。槽式磷酸阳极化设备一般由专业的表面处理车间人员操作。飞机金属粘接修理工作中更是经常使用非槽式磷酸阳极化和磷酸阳极化密闭系统对铝合金表面进行处理。

### 1. 磷酸阳极化密闭系统（PACS）所用设备

磷酸阳极化密闭系统所用设备的构型举例如图 4.65 所示，磷酸阳极化密闭系统是推荐的磷酸阳极化方法。

图 4.65　磷酸阳极化密闭系统（PACS）所用设备

### 2. 非槽式磷酸阳极化（PANTA）所用设备

非槽式磷酸阳极化（PANTA）所用设备的基本要求：能稳定提供 10V 以上电压、$8A/in^2$ 电流的直流电源。

## 4.3　飞机复合材料修理工具、设备的安全使用

## 4.3.1　概述

飞机复合材料修理所用的树脂、胶、预浸料、胶膜、清洁剂、打磨时产生的粉尘等都是对人体有害的物质，有些人甚至对这些材料过敏。因此，当在狭窄的空间进行复合材料修理时，必须保持良好的通风，工作人员应配戴防护口罩。否则，工作人员会感到不适，甚至会因吸入过多有毒气体而中毒。另外，在修理过程中，工作人员应配防护手套、护目镜，并穿上工作服。如果对人体有害的修理材料喷溅到眼睛里，应用水冲洗并

去看医生。

飞机复合材料修理中，如果修理材料挥发气体或打磨时产生的粉尘含量过高，可能会在高温、明火或电火花时引起爆炸。因此，当进行飞机复合材料修理时，应优先使用防爆设备，并尽量远离热源、电火花源和火源。

## 4.3.2　工具、设备的使用注意事项

使用工具、设备进行飞机复合材料修理时，应特别注意以下事项：

（1）严格遵守工具、设备的操作规程。

（2）计量工具、设备要遵守计量器具的管理和使用要求。

（3）操作气动工具和设备要注意气压要求。

（4）操作电动工具、电器设备要注意使用的电压、电流要求。

（5）工具、设备要定期维护保养。

（6）切割碳纤维复合材料时，只能使用气动马达作为动力源，不能使用电动马达做动力源。因为碳纤维粉尘进入电动马达中可能造成短路而损坏电机。

（7）要经过培训才能上岗操作工具或设备，特别是专用的、危险性的工具或设备。

（8）根据加工对象的材质和加工精度的要求选择对应的工具、设备。

（9）准备在工件上进行加工前，先在边角料上试用工具、设备是一个好的工作习惯。

（10）正确配戴劳动保护用品，通常的劳动保护用品包括防护口罩、防护眼镜、防护耳罩和耳塞、防护手套、防护衣服等。

（11）订购的工具、设备要来源于正规厂家、规范渠道。

**复习思考题**

4.1　飞机复合材料修理常用工具按照用途可分为哪些种类，各举几例。

4.2　飞机结构修理工作中，在复合材料上钻孔与在金属材料上钻孔所选用的钻头有什么不同？

4.3　在复合材料上制孔应注意哪些事项？

4.4　飞机复合材料修理工作中经常会用到注胶枪，试描述使用注胶枪注胶的基本方法。

4.5　飞机复合材料修理工作中常用的加热设备有哪些？

4.6　飞机复合材料修理工作中常用的加压设备有哪些？热压罐是复合材料制造和修理的一个典型加压和加热设备，它包括哪些基本单元？

4.7　热粘接控制仪是飞机复合材料修理工作中最常用的加压和加热设备，当选择该设备时必须注意满足哪些基本特征？

4.8　真空袋包括哪些基本类型，各种类型的真空袋有什么特点？

4.9　飞机操纵控制面配平包括哪些主要设备？

4.10　金属粘接修理时所用的磷酸阳极化表面处理法用到哪些主要设备？

# 第 5 章 飞机复合材料结构常见损伤及其检测

飞机在使用过程中，复合材料结构与金属结构一样，都要受到载荷的作用、人为因素和自然环境条件的影响而导致产生各种损伤。了解复合材料结构件损伤的类型及其检测方法，对于飞机结构修理技术人员是十分重要的。

## 5.1 飞机复合材料结构的常见损伤及其评估

### 5.1.1 飞机复合材料结构的常见损伤

飞机复合材料结构（件）损伤类型较多，其分类的方法也较多。现按损伤现象、损伤形成的原因和损伤程度分别来介绍复合材料结构件的常见损伤。

1. 按损伤现象分类

（1）脱胶（Disbond）。脱胶是指复合材料构件的粘结面，如层合面板与蜂窝夹芯的粘结面，由于受潮、进水以及外物碰撞、冲击或者受力过大等原因而出现的分离破坏。

（2）分层（Delamination）。分层与脱胶的损伤情况是类似的，是复合材料层合板结构的层与层之间出现的分离破坏。分层主要是遭受外物撞击或者受载荷作用而引起的。分层可能发生在复合材料构件的内部、边缘以及孔周边，如图 5.1 所示。在实际的飞机复合材料结构修理中，分层和脱胶损伤出现的比较多。在压缩载荷作用下，复合材料结构中的分层和脱胶损伤扩展较快，可能导致复合材料屈曲破坏。经验表明，分层直径小于 20～30mm，一般不会降低结构件的剩余强度。

（3）凹坑（Dents）。凹坑是指受外物撞击，复合材料构件表面出现的凹陷破坏。

（4）穿孔（Hole Damage）。外物完全穿透复合材料面板，形成孔洞，通常是由尖锐物体冲击而形成。

（5）擦伤（Scratches）。由于碰擦、摩擦或刮划而引起的划伤、刻痕、刮痕等表面损伤。擦伤使构件表面粗糙、表面材料缺失。

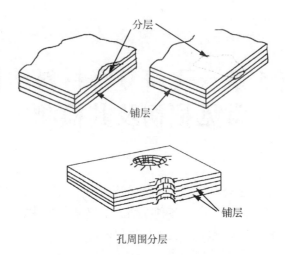

孔周围分层

图 5.1  复合材料层合板结构的分层

（6）风蚀（Erosion）。风蚀是指飞行时飞机迎风面的构件受到气流中的尘埃、雨点等的吹蚀和磨蚀作用而产生的破坏损伤。

（7）裂纹（Cracks）。复合材料结构件受交变载荷的作用，在基体树脂材料中出现的裂纹。

（8）烧伤（Burning）。复合材料遭遇明火或雷击而引起的烧伤、烧蚀损伤。

（9）磨损（Abrasion）。两个彼此接触的固体物体因摩擦作用而使材料表面造成的损耗。

（10）夹芯损伤。夹芯损伤是指夹芯结构受到外物撞击所引起的夹芯压瘪或夹芯中进水引起脱胶、腐蚀等损伤，详见第 8 章。雷达罩的夹芯结构进水，水分积聚会影响雷达的透波率，严重的会使透波率下降。

### 2. 按损伤形成的原因分类

（1）冲击损伤。冲击损伤是指外来物体对复合材料结构的冲击或碰撞而引起的损伤。例如，冲击引起的损伤有分层、脱胶、凹坑和穿孔等损伤。据统计，由外来物冲击产生的损伤是复合材料构件的主要损伤之一。常见的外来物有掉落的工具、地面设备、跑道上的沙石、空中的飞鸟、冰雹等。对冲击损伤要特别注意，因为有的冲击损伤采用目视检查，其表面损伤情况并不严重，但是其内部损伤却很严重。

（2）雷击损伤。复合材料结构件遭受雷击而产生的烧伤、烧蚀损伤。

（3）疲劳损伤。复合材料构件在交变载荷的作用下，随着交变载荷循环次数的增加而产生的基体树脂裂纹、分层、脱胶、纤维断裂等损伤。

### 3. 按损伤程度分类

（1）可允许损伤（Allowable Damage）。可允许损伤是指不影响结构性能或完整性的轻微损伤。界定结构件可允许损伤的标准（具体的尺寸和条件等）可在相应机型结构修理手册中查得。注意这些尺寸指的是结构本身的尺寸，并不包括表面涂层的尺寸。对可允许损伤，应根据具体情况确定是否修理。如果可允许损伤可能会扩展，使结构的剩余强度下降，从而降低设计寿命，就必须在规定的时间内进行修复。通常对可允许损伤做简单的修理，以防损伤进一步扩展。

（2）可修理损伤（Repairable Damage）。可修理损伤是指损伤的严重程度超过了许可损伤的范围，致使结构（件）的强度、刚度等性能下降而需要加强修理的损伤。

（3）不可修理损伤（Non Repairable Damage）。不可修理损伤是指损伤已经超过可修理的极限，在这种情况下，复合材料结构只能进行更换。虽然零部件更换本身也是一种结构修理的手段，但本书不将其作为一种修理方法列出。

## 5.1.2　飞机复合材料结构的损伤评估

### 1. 损伤评估的内容

如果飞机复合材料结构出现了损伤，就需要对其损伤进行评估，以便选择修理方法、确定修理方案。对飞机复合材料结构件损伤的情况进行评估非常重要，它是制订修理方案的首要任务。损伤评估主要从结构（件）的重要程度、损伤的位置、损伤类型、损伤程度等方面综合考虑。

结构（件）的重要程度可由其重要性确定。复合材料结构件已用于飞机结构的主要结构（Primary Structure）和次要结构（Secondary Structure）。因此，复合材料结构件按其重要性，可分为：关键部件、主要部件和次要部件。关键部件是指如果该部件遭受严重损伤而失效则将会导致飞机出现危险，甚至造成飞机失事；主要部件是指如果该部件遭受严重损伤而失效则将会严重干扰飞机的正常操纵；次要部件是指如果该部件遭受严重损伤而失效则不会干扰飞机的正常操纵，也不会发生人机安全问题。修理关键部件时，应十分小心谨慎，严格按照结构修理手册和工卡实施修理工作。

损伤的程度包括损伤面积的大小、深浅和数量。采用相应的检测方法对复合材料部件的损伤区域实施彻底地检测，可以确定损伤的程度。

### 2. 最小检测区域原则

检测蒙皮（层合板）以及蜂窝夹芯结构面板上的损伤时，要在以可见损伤的最长轴单边至少扩大 100mm 的圆形区域进行检测，该检测区域称为最小检测区域，以查出可能的分层与脱胶损伤，如图 5.2 所示。检测结构损伤时必须遵循最小检测区域原则。

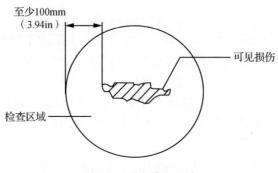

图5.2 最小检查区域

### 3. 相邻损伤处理原则

一个复合材料结构件有时会出现几个相同或者不同性质的损伤。对相邻的损伤可按下面的原则来处理。

（1）如果两个及两个以上损伤靠得很近，则将它们视为一个整体损伤。具体的 X 值在结构修理手册相关章节中给出，如图5.3所示。

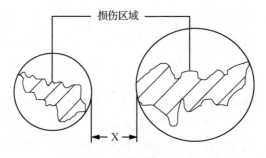

图5.3 损伤之间的距离

（2）结构件按照重要性的不同，分成不同的结构区域。如果损伤分属不同的结构区域，又按一个损伤考虑，则应按要求较高的结构区域规定的方法进行修理。

（3）如果一个损伤区域横跨两个不同的结构区域，也要按要求较高的结构区域规定的方法进行修理。

（4）两个相邻修理区域的铺层不能重叠，如没有特别注明，务必满足间隙≥5mm。

## 5.2 飞机复合材料结构（件）损伤的检测方法

在确定复合材料构件进行修理之前，必须对其损伤和缺陷进行检查评估。复合材料结构损伤的检测方法与金属结构损伤的检测方法基本相同。由于金属结构损伤的检测方法在前期课程中已有详尽描述，从教材的完整性角度考虑，本书对前期课程详细论述过的检测方法仅作简单介绍，而重点放在特有的复合材料结构损伤检测法上。目前，有效用于复合材料结构损伤检测的方法主要有：目视检测、敲击法、超声波、X 射线、涡流、声谐振、激光全息和红外线。常用的复合材料结构无损检测方法包括敲击法、超声波检测、射线检测、激光全息检测和红外热照相检测。

## 5.2.1　目视检测法

目视检测（Visual Inspection）是损伤检测的最基本方法。采用目视检测可发现复合材料构件上的擦伤、划伤、穿孔、裂纹、撞击损伤压痕、雷击损伤、烧伤和紧固件孔损伤等表面损伤以及构件边缘的分层和脱胶损伤。对于擦伤、划伤等表面损伤，还可确定其损伤的面积和损伤的程度。

在进行目视检查时，因环境、条件不同，检查技术要求不同，以及限于视线可达性和视力的局限性，有时还需借助一些简单的工具，如手电筒、放大镜、反光镜和内窥镜等辅助工具，实施目视检查。

目视检测还作为无损检测的预先检查方法，在所有复合材料部件进行无损检测之前，凡是能够目视检查到的部位，都必须进行目视检查。

然而，目视检测法也有其局限性，例如，对于复合材料构件的内部分层、脱胶、蜂窝夹芯的损伤及其积水等无外表征候的缺陷和损伤，目视检查无法检测出其损伤，也无法确定其损伤的程度与范围。这种情况就需要用到无损检测方法。

## 5.2.2　敲击法

敲击法（Tap Test Inspection）是一种采用专用的敲击棒、敲击锤、硬币或者仪器等检测工具轻轻敲击被检测复合材料结构表面，通过辨听敲击声音的变化来确定损伤的检测方法，如图 5.4 所示。敲击法是一种常用的但比较粗糙的检验方法。这种方法简便易行，常常作为其他无损检测方法的前期检测或补充检测手段，具有较高的实用价值。敲击法可用于检测复合材料构件的分层、脱胶、树脂固化不完全和某些裂纹等损伤。敲击法特别适用于检测层数≤3 层的层合板的分层损伤。

1. 常规敲击检测工具（Tap Test Tool）及其使用

复合材料修理中，常规敲击检测工具有敲击棒和敲击锤等。波音飞机无损检测手册和空客飞机无损检测手册对敲击检测工具及其使用的要求略有不同，下面予以分别介绍。

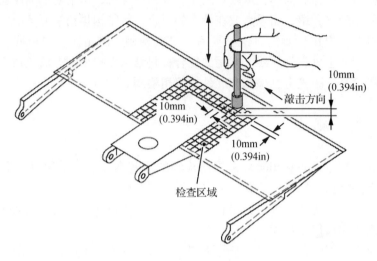

图 5.4　敲击检测实例

（1）波音飞机无损检测手册对敲击检测工具的要求与检测方法

波音飞机公司推荐采用敲击棒实施敲击检测。敲击棒可以从波音公司购买，也可用铜、铝或钢材加工制作。敲击棒的具体尺寸形状及要求，如图 5.5 所示，敲击棒的重量要求小于114g。

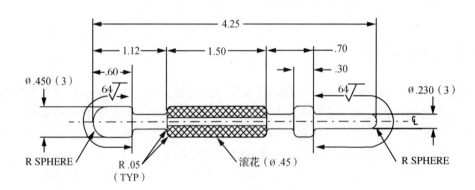

图 5.5　敲击棒

使用敲击棒进行敲击检测时，其敲击扫描方式如图 5.6 所示。其中扫描方式 1 用于对没有被修理过的结构进行检测，扫描方式 2 用于对修理过的区域进行检测。扫描检测时需要扩大检测的区域至少是缺陷区域尺寸的 1/3。

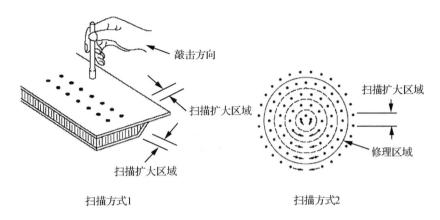

扫描方式1　　　　　　　　　　扫描方式2

图 5.6　波音飞机要求的敲击检测扫描方式

（2）空客飞机无损检测手册对敲击检测工具的要求与检测方法

空客飞机无损检测手册推荐的敲击棒和敲击锤，其尺寸、构型如图 5.7 所示。

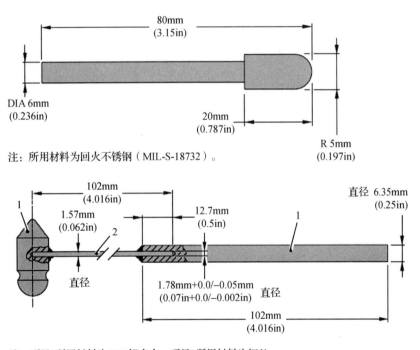

图 5.7　空客飞机手册推荐的敲击棒和敲击锤

　　使用敲击检测工具以 10mm（0.39in）间隔的网格形式敲击检查损伤区域的整个表面，如图 5.8 所示。同时要使用轻而稳定的动作敲击。在没有分层或脱胶的区域，敲击时会产生清脆的声音；在有分层或脱胶的区域，敲击时会产生沉闷的声音。

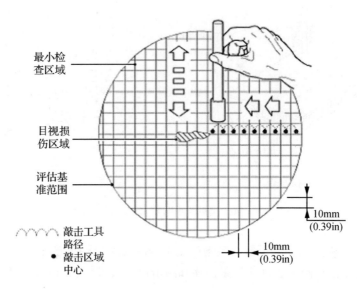

最小检查区域

目视损伤区域

评估基准范围

〜〜〜 敲击工具路径
● 敲击区域中心

10mm
(0.39in)

10mm
(0.39in)

图5.8　空客飞机要求的敲击检测扫描方式

注意：在采用敲击法检验时，敲击用力要适度，避免损伤工件表面，特别是在检验薄壁件时。

人工敲击法对检查人员的经验要求较高，因为检测的效果在很大程度上依赖于检验人员的经验。该法对环境也有要求，在嘈杂的环境下检测，易受干扰。

## 2. 分层敲击检测仪及其使用

根据敲击声音来判断损伤的原理，目前人们已研制出了分层敲击检测仪（Tapping Exfoliation Detector）。分层敲击检测仪以一个恒定的敲击力度进行敲击，同时接受和分析敲击声音并发出相应的信号，以辨别损伤情况。日本 MITSUI 公司生产的 "WOODPECKER WP-632/632M" 就是一种有声、光报警、操作简便的分层敲击检测仪，如图 5.9 所示。分层敲击检测仪可消除人工敲击对人员的主观依赖和声调辨别能力的依赖，并提高了对较小缺陷的检测能力。

WOODPECKER WP-632/632M 的基本工作原理：选定标准测试块或待检查部件上符合粘接质量要求的区域作为基准；使用 WP-632 敲击被检测区域，通过声音的差异来采集被检测区域的粘接状况的数据，并通过指示灯来定量显示检测结果。如果发现分层，WP-632 上的 "红色" 指示灯亮并有报警声。将 WP-632 连接到 WP-632M 上，WP-632 检测到的数据可通过指示灯和液晶显示器更详细地在监控装置 WP-632M 上显示并存储。另外，通过数据线还可将存储的数据传送到个人电脑。WP-632 分层敲击检测仪的使用，如图 5.10 所示。

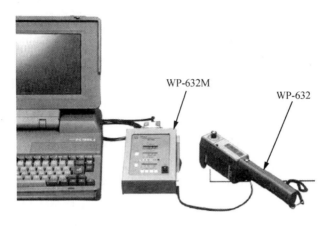

图 5.9  WP-632/WP-632M 分层敲击检测仪

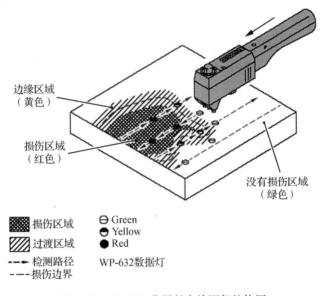

图 5.10  WP-632 分层敲击检测仪的使用

## 5.2.3  超声波检测

超声波检测法（Ultrasonic Inspection）是利用压电传输元件将超声脉冲传入被测构件中，当遇到损伤或缺陷时，会产生界面反射，或引起声速和能量衰减的变化，通过接收、分析这些信号及其变化，从而确定损伤或缺陷大小、位置的一种无损检测方法。用于复合材料结构损伤检测的超声波频率一般在 1～10MHz 范围，常用频率为 5MHz。超声波的主要优点是穿透力强、检测灵敏度高、检测方便和对人体无害等。超声波检测方法在技术上比较成熟，检测仪器成本低、结构轻便。尤其是便携式超声检测仪，在外场维修检测中使用十分方便。超声波检测技术在复合材料无损检测中已得到广泛应用。超声波检测可用于复合材料结构的分层、脱胶、层间疏松、胶接气孔和疏松、孔隙含量、等损伤或缺陷。

超声波检测法有很多种。用于复合材料结构检测的主要有两种：超声脉冲反射法和超声穿透法（TTU）。

超声脉冲反射法（Pulse Echo Ultrasonic Inspection）是超声波探头发射脉冲波到被测构件内，然后根据反射波的情况来确定构件损伤或缺陷的一种方法。该法具有很强的检测能力、检测灵敏度高、定性定量准确、检测方便（只需要从一侧接近被测结构）等特点。所以，它是一种普遍用于复合材料结构损伤检测的方法。

超声穿透法（Through Transmission Ultrasonic Inspection）是依据脉冲波或连续波穿透构件之后的能量变化来判断损伤或缺陷的一种方法。穿透法常采用两个探头，一个用作发射，另一个用作接收，分别放置在被测构件的两侧进行检测，如图 5.11 所示。该法也具有很强的检测能力和检测灵敏度高的优点，但是需在构件的两面接触。

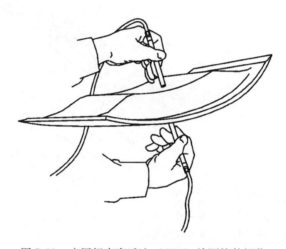

图 5.11　应用超声穿透法（TTU）检测构件损伤

## 5.2.4　射线检测

射线检测中最主要的是 X 射线检测（X-ray Inspection）。X 射线具有波长短、能量高、穿透力强等特点。X 射线检验的基本设备是 X 射线机。X 射线是一种电磁波，波长为 101.9 ~ 0.0006nm。在 X 射线检验中通常使用的波长约为 0.31 ~ 0.0006nm。X 射线能够穿透固体材料。当它穿过某种物质时，由于 X 射线被吸收或散射而削弱，X 射线强度降低。X 射线检验要使用感光胶片。X 射线穿过构件落在感光胶片上，使感光胶片产生潜影，感光胶片受到 X 光照射的部分便呈现某种程度的黑色。如果结构中存在孔穴、裂纹、疏松等，那么这部分对 X 光的吸收程度就比完好结构部分弱一点。在其他条件相同的情况下，穿过这部分的 X 光就强些。感光胶片显影后，相应部位的黑度就比其他部位明显。这样就可判断结构中是否存在损伤或缺陷。

X 射线检验可检测复合材料中的夹杂物，可以有效地发现夹层板中蜂窝芯和胶粘剂充填物中的损伤和缺陷。如果胶粘剂是对 X 射线吸收系数较大的材料，还可用于检验胶接层的疏松和气孔含量。X 射线照相还能发现复合材料中的横向裂纹。

## 5.2.5　涡流检测

涡流检测（Eddy Current Inspection）是一种利用电磁感应原理进行损伤检测的无损检测技术。涡流检测只能用来检测导电材料的缺陷或损伤。因此，采用涡流检测法只能检测纤维能导电的树脂基复合材料，例如碳纤维/环氧树脂复合材料的纤维断裂损伤。采用这种检测方法可检测复合材料表面的损伤和近表面的内部损伤。

涡流检测的最大优点是便于现场检测。它对纤维断裂损伤比较敏感，检测灵敏度高。

涡流检测分为高频涡流检测和低频涡流检测。高频涡流用于检测复合材料构件表面或近表面的纤维断裂与裂纹；低频涡流用于检测复合材料表面以下部分的裂纹。

当检测紧固件孔边裂纹损伤时，可通过将大小与孔径相适应的探头在孔内旋转并上下移动扫描来进行检测。

涡流检测除检测损伤外，还可用于检测复合材料夹芯结构的厚度，例如，采用涡流检测仪和探头（the NDT-3 Eddy Current Instrument and the F80124 Probe）用于检测机头雷达罩的厚度，检测误差在 ±0.005in 以内。

## 5.2.6　激光全息检测

激光全息检测（Shearoqraphy Inspection）是利用激光全息照相来检测物体表面和内部缺陷的一种非接触检测方法。激光全息照相是将物体表面和内部的缺陷，通过外界加载的方法，使其在相应的物体表面造成局部的变形，用全息照相来观察和比较这种变形，并记录在不同外界载荷作用下的物体表面的变形情况，然后进行观察和分析，从而判断物体内部是否存在缺陷。

激光全息照相检测法具有检测灵敏度高，可以检测大尺寸物体（只要激光能够充分照射到物体表面，都能一次检测完毕），可以对任何材料任意粗糙的表面进行检测，可确定缺陷的大小、部位和深度，检测结果直观并便于保存等特点。

用激光全息法可以发现复合材料结构近表面的纤维断裂、基体裂纹和分层。对孔隙含量一般检测不出来。对于用碳纤维增强复合材料作为面板的蜂窝夹芯结构，激光全息法能检测直径大于 10mm 的胶接缺陷。

## 5.2.7 红外线照相检测法

红外线照相检测法（Infrared Thermoqraphy Inspection）是基于物体的热辐射特性，利用被检物体的不连续性缺陷对热传导性能的影响，导致物体表面红外辐射能力发生差异，通过红外摄像将红外辐射差异转化为可见的温度图像，从而判别和确定物体损伤或缺陷的一种检测方法。

红外线照相检测法也是一种非接触式的检测方法。它具有灵敏度高、检测效率高和直观显示等优点。

红外线照相检测法可检测复合材料结构件的脱胶、撞伤以及蜂窝夹芯结构中的积水。如果夹芯结构中有水，在图像中则会出现明亮的斑痕。

## 5.2.8 其他检测法

### 1. 雷达罩修理检测设备及其使用

雷达罩修理过程中会用到一些特别的检测设备，如雷达罩湿度检测仪、透波率检测设备、夹芯壳体厚度检测仪、漆层厚度检测仪等。

（1）雷达罩湿度检测仪

雷达罩湿度检测仪（Radome Moisture Meter）的基本原理：用探头测量在无线电频率下材料的介电功率损失，当有水进入雷达罩的夹芯结构时，在进水位置的介电损失会增加，仪表上的读数升高；水分的含量不同，检测仪表上的读数也将不同；检测仪表盘上的刻度划分有不同颜色区域，不同颜色区域表示雷达罩的不同进水状态，如表 5-1 所示。

**表5-1　A8-AF 雷达罩湿度检测仪仪表读数说明**

| 颜色 | 读数 | 雷达罩条件 |
| --- | --- | --- |
| 绿色 | 0 ~ 5 | 好 |
| 黄色 | 5 ~ 10 | 一般 |
| 棕色 | 10 ~ 20 | 差 |
| 红色 | 20 ~ 50 | 不可接受 |

常用的雷达罩湿度检测仪型号是 A8-AF 和 M1200，A8-AF 的使用举例如图 5.12 所示。

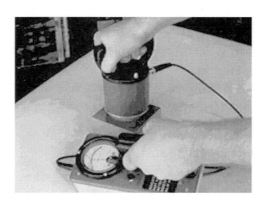

图 5.12　A8-AF 雷达罩湿度检测仪的使用

（2）透波率测试设备

雷达罩在进行大面积修理后或者因特殊需要，有时需要测试雷达罩的透波率。科研单位、制造厂家或大型雷达罩修理中心往往拥有微波暗室或大型测试台。Airbus Industrie & Aerospatiale Matra Airbus 研制出一种便携式设备用来测试雷达罩的透波率。采用上面两种方法对雷达罩进行透波率测试时，均要依据文献 RTCA/DO-213（《机头雷达罩最低操作性能标准》）进行。

## 5.2.9　各种检测方法的可检范围及检测可靠性

各种检测方法适用于不同缺陷和损伤的检查。表 5-2 列出了各种检测方法可检的缺陷和损伤及检测结果的可靠性。

表 5-2　各种检测方法可检的缺陷和损伤汇总

| 检测方法 | 缺陷类型 | | | | | | | |
| --- | --- | --- | --- | --- | --- | --- | --- | --- |
| | 脱胶 | 分层 | 凹坑 | 裂纹 | 孔洞 | 湿气 | 灼伤 | 雷击 |
| 目视检测 | √(1) | √(1) | √ | √ | √ | | √ | √ |
| 敲击检测 | √(2) | √(2) | | | | | | |
| X 射线检测 | √(1) | √(1) | | √(1) | | √ | | |
| 超声穿透法检测 | √ | √ | | | | | | |
| 超声脉冲反射法检测 | | √ | | | | | | |
| 超声波脱胶检测 | √ | √ | | | | | | |
| 红外线照相检测 | √(3) | √(3) | | | | √ | | |
| 激光全息检测 | √(3) | √(3) | | √ | | | | |
| 着色渗透检测 | | | | √(4) | | | | |
| 涡流检测 | | | | √(4) | | | | |

注：（1）开到表面的缺陷；（2）薄壁结构（≤3 层）；（3）正在研究发展的检测方法；（4）不推荐的检测方法。

**复习思考题**

5.1 飞机复合材料结构的常见损伤按损伤现象分类有哪几类？按损伤形成的原因分类有哪几类？按损伤程度分类有哪几类？

5.2 什么叫做可允许损伤？可修理损伤？不可修理损伤？

5.3 何为最小检测区域原则？

5.4 何为相邻损伤处理原则？

5.5 常见的用于复合材料结构损伤检测的方法有哪些？

5.6 敲击法适用于哪类范畴的损伤检测？

5.7 常规的敲击检测工具有哪些？

5.8 何为超声波检测法？超声波检测法有何优点？

5.9 何为射线检测法？射线检测法的检测范围是多少？

5.10 何为激光全息检测法？激光全息检测法有何特点？

5.11 何为红外线照相检测法？红外线照相检测法有何特点？

# 第 6 章　飞机复合材料结构修理 准则和修理方法

## 6.1　飞机复合材料结构的修理准则及修理流程

### 6.1.1　飞机复合材料结构修理的准则

飞机复合材料结构修理有着与飞机金属结构修理相同的总体修理准则。其具体要求 如下：

（1）满足结构强度、稳定性要求，即恢复结构的承载能力，压剪载荷下不失稳；

（2）满足结构刚度要求，包括挠度变形、气弹特性和载荷分布，以及传载路线等 问题；

（3）满足耐久性要求，包括疲劳、腐蚀、环境影响等诸方面的要求；

（4）满足气动力光滑性要求，即飞机气动外形变化要小，保证原结构表面的光滑 完整；

（5）要恢复原结构的使用功能，包括透波率、雷击防护等要求；

（6）修理增重要小，并注意操纵面等动部件满足质量平衡要求；

（7）修理所用的时间要少；

（8）修理费用成本要低。

这些准则与要求是飞机修理工程技术人员在制订修理方案和实施修理时必须遵循的 原则。飞机结构修理手册中给出的复合材料结构修理典型修理方案满足上述准则。

### 6.1.2　飞机复合材料结构修理材料选用准则

飞机复合材料结构修理材料选用的准则如下：

（1）结构上原来用什么材料，原则上只能用该材料进行修理，即碳纤维复合材料结构只能用碳纤维复合材料进行修理；玻璃纤维复合材料结构用玻璃纤维复合材料进行修理；芳纶复合材料结构原则上用芳纶复合材料进行修理，但是也可用玻璃纤维复合材料进行修理。

（2）修理材料必须与固化温度相适应。在复合材料结构修理中，修理材料应与固化温度相适应。例如，350 ℉固化的修理材料，不得用在 250 ℉固化修理上；同样，250 ℉固化的材料也不能用在 350 ℉固化修理上。另外，在复合材料结构修理中，应采用与固化温度相适应的密封剂。例如，350 ℉的固化温度不适用于采用 BMS 5-95 密封剂密封的部位。

（3）当无法获得原结构用材料而不得不选用其他材料替代时，必须按飞机结构修理手册规定选用替代材料。

（4）可选择与原结构用增强材料和树脂基体属同一类型的，而且性能和工艺又处于同一水平的，甚至工艺上更简便的材料进行修理，但修理前须得到部件原设计部门的批准。

（5）在修理碳纤维复合材料结构时，其紧固件必须采用钛合金或不锈钢等紧固件，而绝对不能采用铝合金或合金钢紧固件，以防产生电化腐蚀。此外，当在碳纤维复合材料结构上安装铝合金接头时，要确保在接触面上采取原有的防腐措施。

## 6.1.3　遵照飞机修理手册，实施复合材料结构修理

在飞机复合材料结构修理中，必须遵照飞机修理手册规定的工艺规程实施修理。这是复合材料结构修理最主要的准则。遵守这个准则实际上也遵守了上述的两个准则。飞机修理手册主要包括飞机结构修理手册（SRM）、飞机维护手册（AMM）和部件维修手册（CMM）等。这些飞机修理手册提供了经批准的修理方法、修理限制、修理材料规范、牌号等。例如，波音和空客系列的飞机在结构修理手册 51 章里介绍了复合材料结构修理的工艺规程，提供了经批准的典型修理方案。

遵照飞机修理手册，实施复合材料结构修理是保证修理质量的前提。飞机复合材料结构修理工程技术人员在对损伤的复合材料结构修理之前，应根据损伤部位、损伤部件以及损伤程度，按照相应章节的典型修理方案作出相应的修理方案。

## 6.1.4　飞机复合材料结构修理流程

飞机复合材料结构修理的一般修理流程，如图 6.1 所示。

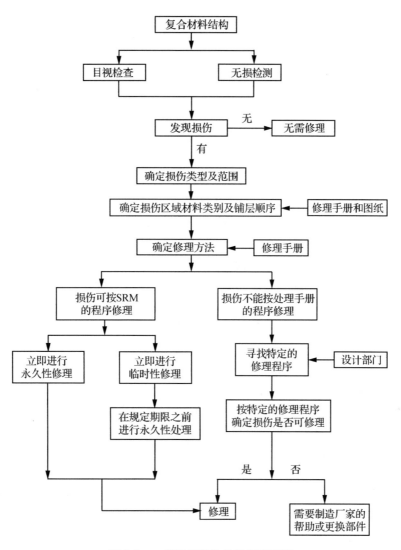

图 6.1　一般损伤结构件修理流程图

## 6.2　飞机复合材料结构修理方法

　　飞机复合材料结构的修理方法有多种，其分类的方法也有多种。在实际的飞机复合材料结构修理中，常用的修理方法主要有铺层修理、注胶与填胶修理、胶接修理和机械连接修理四大类。

## 6.2.1 铺层修理法

### 1. 铺层修理法的定义

铺层修理法（Layup of the Repair Plies Index Method）是指清除损伤后，采用湿铺层（Wet Layup）或预浸料（Prepreg）实施铺层修理，经封装后，在室温下或者加热到某一温度实施固化的修理方法。

所谓封装是指在完成铺层工序之后，采用一些工艺辅助材料，如分离膜、吸胶透气布等，并且根据需要铺放均压板、电热毯（Electric Heat Blanket）、透气棉毡等，然后用真空袋（Vacuum Bag）或真空袋薄膜将铺层修理处密封起来，这是为抽真空、加热固化作准备的一个工序。固化（Cure）是指通过热、光、辐射或化学添加剂等的作用使热固性树脂或塑料由胶糊状转变成固体状态的化学反应过程。固化常通过加热加压来完成。经配制、调和后的树脂可在室温下经过一段时间固化，也可加热到某个温度经过较短的时间固化。加热可缩短固化时间，并且温度越高，固化的时间越短。

在室温下固化的修理又称为冷修理。冷修理应用于受力不大、不重要的复合材料结构修理。有时候冷修理也采用加热固化，但通常加热温度不超过 150 ℉，加热的主要目的是为了缩短树脂的固化时间。注意,冷修理不能用在高应力区和主要结构件的修理上。

非室温固化的加热固化修理又称为热修理。通常加热的温度有200～230 ℉、250 ℉和 350 ℉三种。其中 200～230 ℉温度适用于采用湿铺层料的修理，250 ℉和 350 ℉两种温度适用于采用预浸料和预固化片的修理。通常，受力较大、较重要的复合材料结构都采用热修理。热修理能够恢复原结构符合适航要求的强度。采用热修理时，修理用的材料要与所取固化的温度相适应。

复合材料结构的修理是否采用热修理，采用哪种温度，这取决于原结构是采用什么样的温度固化制造的，还要考虑到损伤的程度和范围、结构的重要性以及修理方法。如果原结构采用 250 ℉固化制造，原则上修理时就应采用 250 ℉固化的热修理，绝不能采用 350 ℉固化修理。如果原结构采用 350 ℉固化制造，原则上修理时也应采用 350 ℉固化的热修理。但是，如果损伤较小或者临时性修理，就可采用低于原固化温度的温度固化修理。在飞机结构修理手册中提供的修理方案中有允许采用低于原固化温度修理的案例。如波音某型飞机结构修理手册 57 章对副翼及副翼配平片的蒙皮修理，见表6-1。

表 6-1　副翼 350 ℉固化制造的复合材料层合板的修理方案

| 损伤类型 | 临时修理 | 永久修理 | | |
| --- | --- | --- | --- | --- |
| | 湿铺层修理 150 ℉固化 | 湿铺层修理 230 ℉固化 | 250 ℉固化 | 350 ℉固化 |
| 孔洞 | 孔洞最大 2.0in，且不超过层合板最小宽度的 30% | 孔洞最大 4.0in，且不超过层合板最小宽度的 50% | 孔洞最大 4.0in，且不超过层合板最小宽度的 50% | 无尺寸要求 |
| 裂纹 | 裂纹长度≤4.0in | 按与孔洞损伤的限制和要求的方法修理 | | |
| 分层 | 与孔洞损伤的限制相同 | 按与孔洞损伤的限制和要求的方法修理 | | |
| 刻痕和凿伤 | 如果存在纤维损伤或者分层损伤与孔洞损伤的限制相同 | 如果不存在纤维损伤或者分层损伤，按51-70-03 填补修理；如果存在纤维损伤或者分层损伤，按孔洞损伤的限制和要求修理 | | |
| 凹坑 | 与孔洞损伤的限制相同 | 如果凹坑直径≤2.0in，且不存在纤维损伤或者分层损伤，按51-70-03 填补修理；如果凹坑直径＞2.0in，且存在纤维损伤或者分层损伤，按孔洞损伤的限制和要求修理 | | |

　　铺层修理是复合材料结构修理方法中最重要和最具有代表性的修理方法。复合材料结构的可修理损伤绝大多数需采用铺层修理法实施结构修理。

## 2. 铺层修理的工艺流程

　　根据飞机结构修理手册与多年的实践经验，制订了铺层修理工艺流程，如图 6.2 所示。

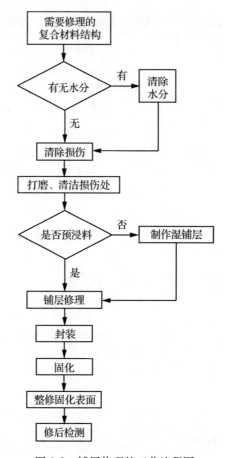

图 6.2　铺层修理的工艺流程图

## 6.2.2　注胶修理

注胶修理（Resin Injection Repair）是指对层合板结构和夹芯结构的小面积的内部分层或脱胶损伤，采用注射的方法将流动性和渗透性好的低黏度树脂直接注入到分层或脱粘区域，并使之固化粘合的一种修理方法。对于层合板出现的小面积的分层损伤，通常在分层损伤边缘至少钻两个小孔，分别作注射孔和通气孔（出胶孔）。这些孔要通到分层损伤处，如图 6.3 所示。如果这些孔没有通到损伤层，树脂便不能注入到损伤区；孔太深了，则会使原来没有损伤的部位人为地造成新的损伤。这两种情况都达不到预期的修理效果。

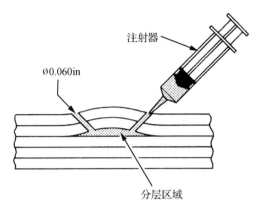

图 6.3　注胶修理

注胶修理也适用于孔边分层和结构边缘部位的分层、层板的气泡、脱粘等损伤的修理。

注胶修理的工艺过程：

（1）采用准确的无损检测技术，确定脱胶或分层位置；

（2）在分层区按一定距离钻若干个树脂注射孔和泄出孔，其深度恰好到达分层或脱胶层面；

（3）向分层或脱胶区注入树脂，直至从泄出孔溢出树脂；

（4）施加一定压力，加温固化。

## 6.2.3　填胶修理

填胶修理是将树脂胶或其他填料填充或灌注到损伤区以恢复其结构完整性的一种修理方法，如图 6.4 所示。通常在一些装饰性结构和受载较小的蜂窝夹层结构上使用。其修理的损伤形式主要表现为表面划痕、凹坑、部分蜂窝芯子损伤、蒙皮位置错钻孔、孔尺寸过大等。

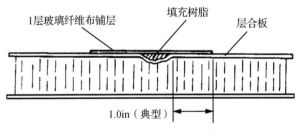

图 6.4　填充修理示例

在受载较小的蜂窝夹层板上采用填充、灌注修理可以稳定表板和密封损伤区，防止湿气的渗入以及损伤的进一步扩大。

对连接孔的损伤，如孔变形或摩擦损伤，可以经过机械加工好的填充块修补。如果发生紧固件孔位置钻错，或者孔尺寸过大，则可以先采用此法修理，然后重新钻孔。

## 6.2.4　胶接连接修理

复合材料结构修理多数采用胶接修理，胶接修理适用于薄件或者较薄件的修理。广义的胶接连接修理包括前面所述的铺层修理、注胶和填胶修理等。这里介绍相对狭义的胶接连接修理。胶接连接修理是指对一个构件因损坏断裂成两个部分或者原来胶接连接的构件之间出现脱胶损伤，以特定的连接形式，通过胶粘剂，使之连接成一体，恢复其功能的修理方法。有的情况下，胶接修理还需与机械连接修理一起对损伤实施修理。

### 1. 胶接连接形式

在飞机结构上，通常板形构件的胶接连接形式有四种，单搭接、双搭接、斜接和阶梯形搭接，如图6.5所示。当被胶接件较薄时，可采用简单的单搭接或双搭接形式；当被胶接件较厚时，存在着较大的偏心力矩，宜采用阶梯搭接或斜接，但工艺复杂，成本高。

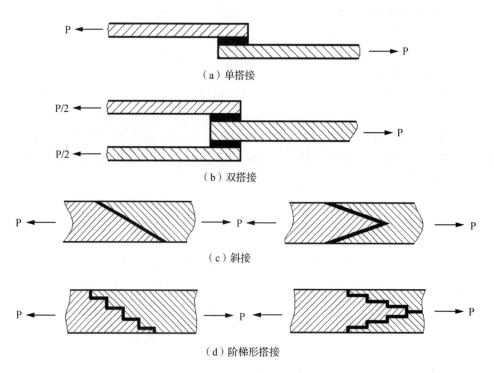

（a）单搭接

（b）双搭接

（c）斜接

（d）阶梯形搭接

图6.5　胶接连接的形式

### 2. 胶接接头的基本破坏模式

胶接接头在外载荷（拉伸或压缩）作用下，有三种基本破坏模式：

（1）被胶接件拉伸（或拉弯）破坏

当被胶接件较薄，胶接强度足够时，被胶接件易产生拉伸（或拉弯）破坏。

（2）胶层剪切破坏

当胶接件较厚，但偏心力矩小时，易产生胶层剪切破坏。

（3）剥离破坏

当被胶接件厚度达到一定程度后，搭接长度与板厚之比又不足够大时，在偏心力矩的作用下，由于复合材料层间强度低，将在接头端部发生剥离破坏（双搭接也如此）。对于复合材料结构胶接接头来说，这种破坏不像金属胶接接头那样容易在胶层上产生剥离（劈开）破坏，而是在接头端部易产生层合板分层破坏。

## 6.2.5  机械连接修理

机械连接修理（Mechanically-Fastened Repairs）是指在损伤结构的外部用螺栓或铆钉固定一外部补片，使损伤结构遭到破坏的载荷传递路线得以重新恢复的一种修理方法，如图 6.6 所示。机械连接修理常与胶接修理一起应用，如图 6.6 中，补片与被连接件的结合面常用涂胶胶接。

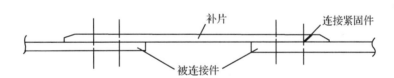

图 6.6  机械连接修理示意图

机械连接修理具有操作简便、性能可靠、能传递大载荷、抗剥离性能好等优点。这种方法的缺点是在结构上要钻紧固件孔，紧固件孔会削弱结构强度并引起应力集中以及修理增加的重量较大。在复合材料结构修理中，机械连接修理适用于被修理件较厚且对气动外形要求不高的结构件以及外场快速修理的场合。根据连接紧固件的种类，机械连接修理可细分为螺接和铆接修理。复合材料结构机械连接修理应优先采用螺接，尽量避免铆接。

对于机械连接修理，在修理前必须充分地考虑以下几个方面的问题：

（1）补片的材料、厚度、形状；

（2）紧固件的材料、种类；

（3）紧固件的位置排列；

（4）正确的制孔工艺；

（5）制孔对原结构造成的影响；

（6）紧固件的装配与密封。

补片材料可以是金属板或者复合材料板。金属板大多为钛合金板、不锈钢板和铝合金板。要注意的是，当铝合金板与碳复合材料连接在一起时，需做电偶腐蚀防护措施，通常采用在两者之间铺玻璃纤维布或涂一层密封剂防腐使它们隔开。复合材料板都是预固化板。

螺接修理的补片可以单边补强，也可以双边补强。在某些情况下，补片必须有足够的厚度，以便安装埋头紧固件。补片四周边缘应倒斜坡，如图 6.7 所示。有的情况，可能不允许这样倒斜坡，此时至少倒 45°角，以改善表面气动性能。

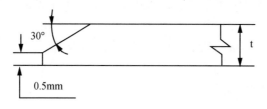

图 6.7　补片周边倒斜坡

由于通常情况下外贴补片的工艺通路不开畅，其紧固件多选用可单面施工连接的螺栓和铆钉，如锁螺栓（Lockbolts）、盲螺栓（Blind Bolts）、高锁螺栓（Hi-Locks）和盲铆钉（Blind Rivets）等。紧固件之间的间距一般为 4~5D（D 为孔径），孔边距为 3D。另外，紧固件与钉孔之间的间隙不能过大，也不要采用干涉配合，以免发生分层损伤。

当采用铆接修理时，由于复合材料层间强度低，抗冲击能力差，安装时不宜用锤铆，需用压铆。为提高复合材料接头处的局部强度，在铆钉镦头下放置一个垫圈，可大大减小镦头处的工艺残余应力，从而改善接头的性能。

图 6.8 是一种典型补片机械连接修理的简图。

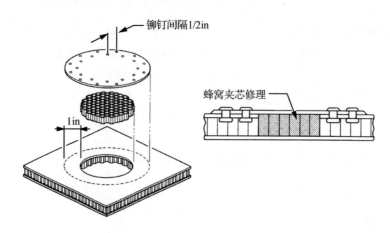

图 6.8　典型补片铆钉连接修理示例

## 6.3　飞机复合材料结构修理铺层修理的主要工序

铺层修理是复合材料结构修理方法中最重要和最具有代表性的修理方法。复合材料结构的可修理损伤绝大多数需采用铺层修理法实施结构修理。铺层修理工艺中的一些工序在其他各种不同修理方法中也都有应用，下面介绍这些主要的修理工序。

### 6.3.1　清除损伤结构区域中的水分

当复合材料结构受到损伤时，常常会有水分或湿气进入损伤区域，特别是损伤的蜂窝夹芯结构常有水分积聚。对复合材料结构实施修理，首先需要将损伤结构中的水分清除干净，即干燥修理区域（Drying the Repair Area）。通常采用电热毯、电吹风或者加热灯等热源来烘干去除水分或者湿气。下面是一个采用电热毯加热去除水分的典型操作工序，如图 6.9 所示。

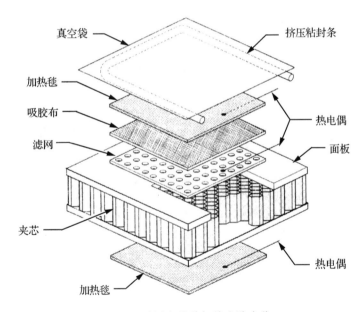

图 6.9　采用电热毯加热去除水分

采用电热毯加热去除水分的操作工序为：
（1）切除积水蜂窝夹芯结构处的面板，使积水区域暴露并清除尘屑。
（2）在暴露的蜂窝夹芯上面铺放一层玻璃纤维滤网或金属滤网。
（3）在滤网的中心放上一个热电偶。
（4）在滤网的上面铺放一层玻璃纤维吸胶布，并用保护带固定。

（5）铺放电热毯和热电偶，如果结构的两面可接近，则在另一侧面板上也安放热电偶和加热毯，如所示图例结构的底面。

（6）沿整个修理区域外廓放置一圈粘封胶条，并铺放真空袋薄膜将整个修理区域密封。

（7）抽真空，使压力表达到22in-Hg高的最小压力。

（8）在150℉至170℉下加热该修理区至少1h，温度上升率不得超过5℉/min。

（9）通过上述过程清除水分后，卸下真空袋、加热毯、透气布和滤网等。

可以采用类似的方法清除层合板中的水分。

## 6.3.2 清除损伤

清除损伤（Removing the Damage）的步骤如下：

（1）清洁修理表面。视具体情况采用抹布、吸尘器或者清洁溶剂等清洁修理区域的表面。

（2）根据损伤范围的大小以及形状，画出待去除损伤的划线。划线要考虑以最小的切除量将损伤部分彻底清除干净。如果损伤的形状接近圆形，就取圆形；如果损伤呈长条形，就取长圆形。通常，去除损伤的划线，是按划线样板画出的。修理单位一般都有一系列按1～2in的尺寸递增加大的、直径大小不同的划线样板。

（3）贴标示带。用彩色标示带将修理轮廓框起来，以利于保护周围未损伤区域及突出修理部位。修理区域大小按损伤切割形状与大小、损伤层数以及修理材料确定。对于湿铺层修理，相邻层轮廓线之间的距离为1in。对于采用预浸料修理的情况，相邻层轮廓线之间的距离为0.5in。根据损伤层数以及附加修理层层数，再适当放些余量，就可以确定被框修理区域范围的大小。

（4）切割、打磨清除损伤。视损伤具体情况采用手工打磨、动力打磨、孔锯切割、镂铣切割等方法清除损伤。

- 手工打磨采用用100～180号或者更细的打磨片将损伤的铺层打磨掉。只要可能，打磨时必须沿着纤维方向，以免折断纤维，较好的手工打磨方法是用240号碳化硅砂纸湿磨，或者用150号的氧化铝砂纸干磨。
- 动力打磨推荐使用直径为75mm（3in）打磨盘的气动工具，打磨砂纸为100～180号。
- 当夹芯结构的层合面板整个厚度都损伤时，如果切割去除损伤的形状为圆形，可以选择不同外径的孔锯切割，也可以按靠模样板铣切。
- 镂铣切割，通常采用镂铣机除去局部损坏的芯子材料，如图6.10所示。注意，切除的夹芯必须超过目视损伤范围至少12.5mm（0.5in）。

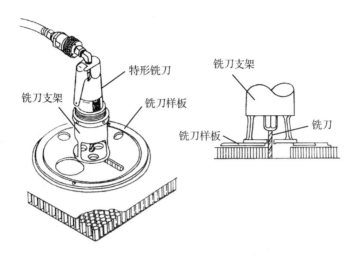

图 6.10　镂铣切割清除损伤

- 如果夹芯也有损伤，则在切除面板后，采用切芯子刀片切除芯子材料，如图 6.11 所示。

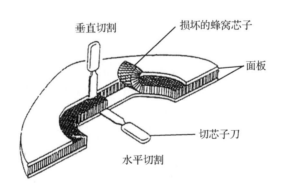

图 6.11　用切芯子刀除去损伤的蜂窝

如果采用注胶或灌胶修理的方法修理，就不需要除去损伤的芯子。
（5）检查切口区域，确保所有的损伤都被除去。

## 6.3.3　打磨、清洁损伤区域处

### 1. 打磨修整损伤区域粘结型面

在清除损伤之后，要打磨出铺层粘结型面。铺层粘结型面有两种形式：锥面斜坡形和阶梯形，如图 6.12 所示。手册通常推荐采用锥面斜坡形。可使用气动打磨机、抛光机进行打磨型面。

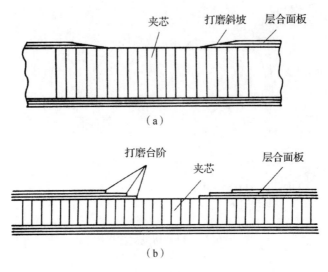

图 6.12　铺层粘结型面

（1）斜坡打磨（Scarf Sanding/Taper Sanding）

斜坡打磨，典型的锥面斜坡的长厚比，即斜率为 20∶1 或 30∶1。具体的长厚比与机型、复合材料的种类以及等级有关。具体修理时，请按机型结构修理手册规定执行。打磨锥面斜坡较难把握其锥度的准确性。通常先按打磨台阶的方法划线，在直径和深度方向稍留余量的前提下打磨各台阶，然后再将各台阶打磨成锥面斜坡。

（2）阶梯打磨（Step Sanding）

- 根据损伤面积的大小，选择相应直径的样板，先划出最小打磨台阶直径的画线，然后，按单边台阶宽 12.5mm（0.5in）或者 25mm（1in）的阶梯递增的直径划线，通常是采用样板划线的。
- 用打磨机从最小打磨台阶直径那一层开始逐层打磨，形成一系列宽度为 12.5mm（0.5in）或者 25mm（1in）的阶梯，直到损伤最外层。
- 使用 150 号或者更细的砂纸，打磨光滑切口的边缘。

（3）除去漆层

通常要将清除损伤修理区域以外宽 25mm（1in）范围内的表面漆层除去。除去漆层是为了增强胶接力。一般都采用手工打磨方法除去这个区域表面的漆层。用 80 号和 150 号砂纸分次打磨。打磨时必须顺着表面纤维方向进行，并且注意勿损伤纤维。然后，将除去漆层的区域用吸尘器吸净，再用溶剂清洁，并按要求干燥。注意，绝对不能用除漆剂清除漆层。

### 2. 清洁修理区域（Clean the Repair Area）

在去除损伤和打磨结束后，及时从损伤表面用吸尘器吸去所有的尘屑，然后用规定的溶剂，如 MEK、丙酮或三氯甲烷等，清洁修理打磨的表面。

注意，须将溶剂倒在擦拭纸或无绒干净的抹布上，使其浸润，然后擦拭待清洁的修理面。另外，擦拭清洁时需及时将溶剂擦干，不要让其在被擦拭表面自然挥发、干燥。重复上述的清洁操作，直到所有修理区域清洁为止。

修理区域的清洁质量可以通过水破裂试验（Water Break Test）来确定。具体的水破裂试验操作步骤如下：

（1）确保待检修理区域是干燥的。

（2）在待检修理区域上喷一层薄薄的软化水使之形成水膜。注意，使用水量要恰当，水膜太厚会覆盖缺陷，从而使试验失效。

（3）检查湿润的表面，如果在规定时间内，水膜不破裂，则表明表面清洁。

（4）如果水破裂形成的是单个的水珠，表明修理区域的表面存在油污，需要按以下的方法操作：

①用400号的防水砂纸小心打磨修理区域；

②用软化水清洁，并用擦拭纸擦干表面；

③重复以上操作，直到水破裂试验达标为止；

④用擦拭纸或者无纺布将试验的水抹干；

⑤干燥修理区域的表面，温度控制在60℃左右。

清洁后的表面要注意保护。不要用手直接接触清洁后的待修理粘结表面，否则，会严重影响粘接（修理）质量。修理人员需要佩戴白色手套或者橡胶手套操作后续的修理步骤。清洁结束后必须尽快完成整个修理工作，以防再次污染。

## 6.3.4 调配树脂

当采用湿铺层修理或者需要用树脂胶粘结构件时，就需要调配树脂。复合材料结构修理中使用的树脂胶粘剂绝大多数是双组分胶粘剂。平时，A 组分与 B 组分材料是分开单独存放的。通常，A 组分是树脂；B 组分是硬化剂等添加剂。调配树脂就是按规定的重量或体积比例把 B 组分加入到 A 组分中，并且充分调和均匀的操作。

树脂是按重量或体积计量的。调配树脂的关键问题之一是如何确定所需树脂胶的重量。因为修理时，树脂胶调配多了，浪费；调配少了又不够用。按下面的规定，即可得到恰当的树脂重量。空客系列的飞机结构修理手册给出制作湿铺层用胶量的规定：干纤维织布的重量与树脂的重量比为 1:1.2。波音系列的飞机结构修理手册规定湿铺层含树脂的重量应占总重的 55% ±5%。

## 6.3.5 制作湿铺层

通常，要根据相应机型的结构修理手册确定原铺层的数目、类型和方向。当采用湿铺层修理损伤时，就需制作湿铺层。制作湿铺层，即是用树脂浸渍纤维织布，又俗称为"刮布"。

### 1. 选择湿铺层原材料

选择湿铺层原材料的基本原则是损伤的碳纤维铺层只能用碳纤维织品修理；玻璃纤维铺层和 Aramid（Kevlar）纤维铺层用玻璃纤维铺层修理。通常，按相应机型结构修理手册的规定选择相对应的补片原材料。根据修理铺层数及大小，确定所需补片原材料的尺寸。

### 2. 用树脂浸渍纤维织布

用树脂浸渍纤维织布的步骤如下：

（1）剪下两片比纤维织布修理片周圈大 3in 的塑料分离膜，把其中一片平铺在光滑平整的工作台面上，边缘用胶带粘贴，以防移动。

（2）把调制好的树脂胶总量的近一半均匀地倒在分离膜上。注意，树脂倒洒的范围不要超过待浸渍纤维织布的大小。

（3）将准备好的纤维织布平铺在倒有树脂的分离膜上。

（4）将剩余的树脂均匀地倒涂在纤维布上。

（5）再把第 2 张分离膜覆盖到涂了树脂的纤维织布上。

（6）用刮板或推滚在分离膜上刮推使树脂浸渍进入纤维布中，同时赶走气泡和多余树脂，消除纤维织布的皱纹。结构修理手册规定，浸渍了树脂的纤维织布，其树脂含量占总重量的 55% ±5%。浸渍好树脂的纤维织布作备用。

## 6.3.6 手工铺层

手工铺层是将湿铺层修理补片或者预浸料修理补片按规定的铺层角、铺层顺序铺放到修理区，然后，使用刮板或者推滚刮推，使铺层与修理表面或各铺层之间紧密粘合，从而形成修理铺层的方法。

手工铺层的步骤如下：

（1）按各铺层修理补片所需的大小、形状和铺层方向在浸渍好的纤维织布或者预浸料表面分离膜上画出各修理补片的大小、形状并标注出铺层角基准，然后剪裁下所需的各修理补片。

（2）对于湿铺层修理，需在修理处整个待粘结面上涂一层树脂胶；对于采用预浸料来修理的铺层，则需在修理处待粘结面上铺放一层覆盖整个修理区域的粘结胶膜。

（3）铺设修理铺层。从修理补片的一侧取下分离膜，然后让修理补片拿掉分离膜的这面对着修理区表面，同时使修理补片的纤维方向与原铺层方向一致，铺放修理补片。

（4）用推滚在修理层的分离膜上推压滚动，以便消除修理补片的皱纹，赶走层间气泡。注意不要使压力过大，否则会出现贫胶。

（5）取下该修理层上表面的分离膜，再用上述（1）至（4）的步骤铺放第 2 层修理层。这样重复进行下去，直到达到所要求的铺层数为止。

（6）如果需要增加附加层，其方向应按相应机型修理手册的规定来确定。

注意：每个铺层两侧的分离膜必须拿掉，带有分离膜的铺层修理是无效的修理。

## 6.3.7　封装

封装（Vacuum Bagging Process）是在完成铺层工序之后，在修理区域依次铺放分离膜、热电偶、吸胶透气布、均压板、电热毯、隔热棉和真空袋（薄膜）等，将铺层修理处密封起来，它是为抽真空和加热固化作准备的一个工序。

具体封装过程如下：

（1）剪下一块超出修理区边缘 3in 的有孔 FEP（氟化乙烯丙烯塑料）分离膜（0.001in 厚），铺放在修理区域。

（2）在有孔分离膜（Perforated Parting Film）上，围绕修理区均匀地安放 3 个热电偶，并用胶带将其固定。热电偶的另一端连接到热补仪上。注意：热电偶和胶带不要与修理补片接触。

（3）铺放一层超出 FEP 分离膜 2in 的 120 型玻璃纤维织物或相当厚度的玻璃纤维布，作为表面吸胶层。

（4）铺放一层无孔的 FEP 分离膜（厚度 0.001in），它的几何尺寸与有孔的 FEP 分离膜相同。

（5）把一块金属均压板（例如 0.016in 厚的铝板）放在无孔分离膜上，它比玻璃纤维吸胶布稍小一些。

（6）铺放加热毯。电热毯的尺寸要超出修理区最少 2in。实际修理工作中，在电热毯上表面中央还要放置一个热电偶并用胶带固定。

（7）铺放若干层玻璃纤维表面透气布，它们的大小必须超出分离膜、加热毯和均压板，并且与加热毯下面的表面吸胶布相接触。

（8）在合适的位置对角分别放置抽真空管接头座和真空表接头座。

（9）围绕修理区，在比加热毯大 2.0 ~ 6.0in 的周圈放上挤压粘封条。

（10）把真空袋薄膜铺放在整个修理区的上方，并与挤压粘封条粘紧密封。

（11）把接头座处的真空袋表面扎个小洞，分别连接和固定抽真空管与真空表。

封装工作至此结束。封装时须注意，像方向舵、升降舵和副翼等内部有空腔的部件，绝不能完全被包在真空袋内，否则，当压力降至 22in-Hg 时，会压塌部件。

另外，当修理区域面积超出整个壁板面积的 15% 时，为防止产生分层和变形，应对构件或部件进行适当的约束。

图 6.13 为使用电热毯加热修理的典型封装示意图。

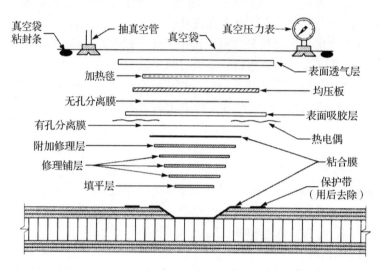

图 6.13　使用电热毯加热修理的典型封装示意图

## 6.3.8　固化

封装工作结束后，即开始实施固化工序。固化工序可分两大类，室温固化和加热固化。室温固化就是在室温下，树脂胶从胶糊状逐渐转变为固体，使粘结的铺层与原结构固为一体的过程。加热固化一般包括升温、保温和降温三个阶段。结构修理手册给出的加热固化温度有 200～230 ℉、250 ℉ 和 350 ℉ 等三种。无论是室温固化还是加热固化，在固化期间都要抽真空，保证至少 22in-Hg 的真空度。抽真空的目的是通过外界的大气压力作用在修理铺层上，压紧修理铺层，以得到粘结质量高的修理面。现以湿铺层电热毯加热 200～230 ℉ 固化工序为例，介绍其工序。

湿铺层 200～230 ℉ 固化修理的固化过程的温度和时间，如图 6.14 所示。通过加热毯加温，使修理区温度以 2～8 ℉/min 的温升率上升到 200～230 ℉，并在这个温度下保持 180～220min，具体时间见图 6.14 中详图 A。当完成固化后，以最大 5 ℉/min 的温度下降速率降温，当修理区温度下降到 125 ℉ 或更低时，解除真空压力，清除封装材料。固化的温度、保温时间、抽真空的压力均由热补仪监控。

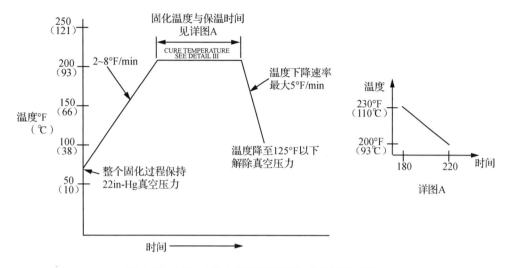

图 6.14　200 ～ 230 ℉湿铺层固化修理的固化过程

固化温度必须在材料要求的极限固化温度范围内，温度过高或过低都会引起原结构的损伤或材料的固化度不够，影响修理质量。固化时间不包括加热到固化温度所需的时间，它是指达到固化温度后保温的时间。固化开始以及修理件在降温过程中都要保持真空。当修理区域冷却至规定温度以下时，才可取消真空压力，除去真空袋材料及其他辅助材料。

200 ～ 230 ℉和 350 ℉加热固化的程序和要求与 250 ℉固化修理相比，只是在温升率、加热的温度和保持的时间上有差异，其余基本上相同。各种温度下的固化参数可查相应机型的结构修理手册获得。

**复习思考题**

6.1　飞机复合材料结构修理的准则有哪些要求？

6.2　飞机复合材料结构修理的材料选用有何准则？

6.3　简述飞机复合材料的修理流程。

6.4　何为铺层修理？铺层修理有何特点？

6.5　简述铺层修理的工艺流程。

6.6　何为注胶修理？简述注胶修理的工艺过程。

6.7　何为填胶修理？填胶修理适用在哪些场合？

6.8　板形构件的胶接连接形式有哪几种？

6.9　胶接接头有哪几种基本破坏模式？叙述各种基本破坏模式发生的条件。

6.10　对材料进行机械连接修理前，通常要考虑哪几个方面的问题？

6.11　对结构进行铺层修理时，如何清除损伤结构区域中的水分？

6.12　简述铺层修理中消除损伤的几个基本步骤。

6.13　何为手工铺层？手工铺层有哪几个基本步骤？

6.14　简述铺层修理中的封装过程。

6.15　何为室温固化？何为加热固化？常用的加热固化有哪几种温度？

# 第 7 章　飞机复合材料层合板结构件的修理

复合材料层合板及其结构广泛用于蜂窝夹芯结构的面板、蜂窝夹芯结构件的边缘、薄壁板、梁构件等复合材料构件。层合板由于作为蜂窝夹芯结构的面板，处于结构的外表面，往往最容易且最先受伤。飞机复合材料层合板常见的表面损伤有擦伤、刻痕、划痕和凹坑等损伤，内部和边缘损伤有分层、脱胶等损伤。

当复合材料层合板结构件出现损伤时，就要视情况予以相应的修理，以防止其进一步损坏并恢复其功能。本章主要介绍飞机复合材料层合板结构件损伤的修理。

## 7.1　复合材料层合板结构件损伤的确定和去除

### 7.1.1　复合材料层合板损伤区域的确定

对于复合材料层合板的损伤，除了表面可以看见的破损以外，多数情况下，材料的内部可能会有延展的分层或脱胶损伤。有时，结构表面看不出有什么损伤，但也有可能内部已经出现了分层等损伤。

硬币敲击检查

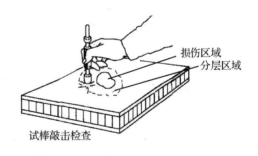
损伤区域
分层区域
试棒敲击检查

图 7.1　敲击检查法

飞机维修工作中，常用敲击法检测复合材料层合板的内部损伤。敲击法（Tap Test）用专用的敲击工具或是一枚硬币，从损伤中心向四周辐射方向敲击检查。敲击要轻而密，听到敲击声音是清脆的，表明结构没有损伤；当听到的敲击声沉闷，则表明被击点可能有分层，这时应反复敲击检查，排除结构上的原因，判断确定是否确有损伤，并且用色笔在敲击表面做出标记。

敲击检测损伤方便、经济，但不够精确，所以，对于重要复合材料结构件或者已用敲击法确定有损伤但是无法精确确定其损伤的范围、损伤程度的情况，常常采用其他的无损检测方法，运用仪器进行无损检测以精确确定损伤的范围、深度。

## 7.1.2 损伤区域的标记

复合材料层合板结构件的损伤被确定下来后，在构件上用色笔做标记。同时通过查相应的结构修理手册（SRM）和工程图纸确定真实的设计铺层图谱，即原设计的铺层材料、层数和方向。做到下手切除损伤前心中有数。

根据损伤的范围及其大小，确定去除损伤的形状。如果损伤形状接近圆形，就选择圆形模板划去除损伤的轮廓线；如果损伤形状为长条形，就选长圆形。然后按照手册要求的打磨层间距画出对应于铺层数目的同心圆形 P1、P2、P3……，如图 7.2 所示。有时根据实际损伤情况，也可能自己做划线模板划线。

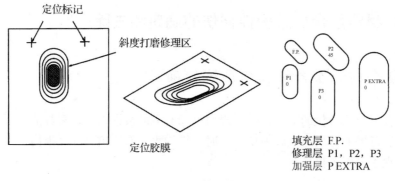

图 7.2　修理模板

## 7.1.3 损伤的去除

### 1. 损伤去除方法

复合材料层合板的损伤去除，通常采用打磨的方法。打磨损伤的方法有斜度打磨法（Taper Sanding）和阶梯打磨法（Step Sanding），如图 7.3 所示。

飞机结构修理手册推荐斜度打磨法。斜度打磨要求有一个适当的打磨斜度，必须将损伤全部打磨掉。大多数修理要求的斜度是每层 0.5in。冷修理要求的斜度是每层 1.0in。波音 777 飞机对于少于 6 层的蒙皮要求的斜率是 50∶1；对于等于或多于 6 层的蒙皮要求的斜率为 30∶1。一个合格的斜度打磨，打磨后，能够看出层与层的边界，可以辨识出损伤区域的铺层数。斜度打磨的损伤区外每层至少留 1.0in 搭接面，整个打磨区是平滑的圆锥台形状。阶梯打磨，打磨台阶为层与层之间至少保留 0.5～1in 的距离做粘接面，即靠近外表面的层半径比下层大至少 0.5in 作为搭接区，湿铺层修理要求搭接区至少是 1.0in，预浸料修理要求搭接区至少是 0.5in。打磨时要注意不要损坏未损伤的层、蜂窝芯和周围的区域。

打磨工具主要是打磨器，也有专业的机械阶梯打磨工具，可以通过调校精确地打磨掉每层的厚度，如图 7.4 所示。

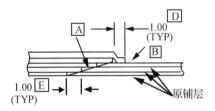
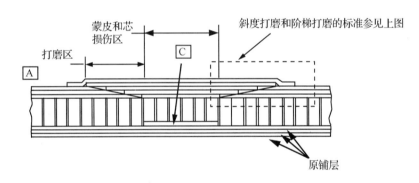

注：　⬚A 斜度打磨和阶梯打磨每层至少留
　　　　　1.0in的搭接区。
　　　⬚B 打磨时不要损伤不需要铺层的区域。
　　　⬚C 打磨不能露出或损坏到原粘接芯材
　　　　　的粘接层。

⬚D 上面的加强层要大过修理层
　　至少1.0in。
⬚E 每一层铺层都要比之下的大
　　至少1.0in的搭接区。
⬚F 阶梯打磨不要损伤阶段区的
　　铺层。

图 7.3　打磨标准

图 7.4　打磨器及其使用

**2. 打磨时的安全注意事项**

（1）呼吸系统防护。打磨的粉尘对人体的皮肤和呼吸系统有害，在打磨时要佩戴合格的呼吸保护用品，比如防尘口罩或碳过滤的防毒面罩、护目镜和耳塞。打磨要在吸尘间里进行，或边吸尘边打磨。

（2）皮肤保护。细小的纤维丝和打磨粉尘进入皮肤会引起发炎和瘙痒，打磨时要注意保护裸露的皮肤。

（3）眼睛防护。戴安全防护眼镜可以保护脸前方和侧面来的冲击伤害，如飞溅的液体和灰尘或热辐射的损伤。如果眼部被液体或灰尘损害，马上用大量的生理盐水或干净水冲洗，车间都要求在显眼位置配备洗眼设备，最简单的是瓶装的洗眼水。

## 7.1.4 清洁并干燥修理区域

**1. 干燥修理区域**

复合材料层合板一般不易进水，但是如果表面有裂纹等损伤，同时通到内部有脱胶、分层损伤处，那么极可能有水分、油脂浸入到层合板内部。水浸入到复合材料零件里会产生以下几方面的影响。首先，材料中的水在空中低温时会结冰膨胀；温度高了，冰又会融化。随着飞行小时的增加，结冰—解冻循环的长期作用会损伤层合板的粘接。其次，水会增加零件重量，影响飞行控制面的配平。最后，积聚的水分是引起腐蚀的根源。

为了清除层合板损伤区域中的水分，可采用烘箱、加热灯和电热毯等热源，参照本书 6.3.1 清除损伤区域内的水分。

**2. 清洁修理区域**

在铺层前，一定要很好地清洁修理区域，用压缩空气吹掉打磨区域的粉尘，用沾溶剂的布清洁粘接区域。清洁的好坏是影响粘接效果的重要因素。为了保证粘接效果，所有的粘接表面要保持干净，粘接前要先清洁表面。正确的清洁方法：用两块干净的脱脂棉布或专用擦拭纸，沾上清洁剂，两块布相同方向前后跟随，从一边擦向另外一边。擦过一片区域后，换另外两块干净的清洁布重新擦过，切忌来回反复用一块布擦，或画圈擦。

擦干净的表面可采用水膜连续试验法（水破裂试验法）检查确定。参照本书 6.3.3，把洁净的不起毛的布用去离子水（软化水）打湿，轻轻擦过修理区，使其表面形成一层薄的膜，查看润湿的表面，当水在整个表面形成一个完整的膜，30s 内不分离、不聚成水滴，说明表面是洁净的。

清洁好的区域要保护起来，防止污染，同时尽快进行铺层修理。

### 3. 安全注意事项

（1）清洁剂一般都对人体有害，具有挥发性和爆炸性。使用时要严格按照要求，以免造成人员和设备的损伤。

（2）要佩戴橡胶手套或医用手套、碳过滤芯的口罩、护目眼镜。

（3）清洁区域要保持良好的通风。

（4）用过的清洁剂要收集到专门的容器内，集中处理。

## 7.2　修理铺层的准备

### 7.2.1　修理方法的选择

对于内部层间脱胶或分层，可以采用注胶方法修理，也可以采用切割掉外侧的损伤层进行永久性铺层修理。永久性修理可以选择湿铺层修理或预浸料修理。由于条件限制，有些区域允许用湿铺层修理作为临时性修理，这种修理有飞行小时数的限制和规定的检查周期，具体参考结构修理手册的详细规定。

对于不同类型的损伤，按照损伤尺寸与板的尺寸的关系，可以选择不同的方法修理。

修理复合材料层压板的预浸料，常用 250 ℉、350 ℉固化，它们都是永久性修理。不同的固化温度对应不同的预浸料和胶粘剂，不能替换。

一些构件既允许用湿铺层修理，也允许使用预浸料修理，具体选择修理的方法要根据手册和实际工作条件来决定。波音某型飞机结构修理手册中有关大翼复合材料构件修理可采用的修理方法，如表 7-1 所示。

**表 7-1　波音某型飞机大翼复合材料构件修理方法**

| 损伤类型 | 临时性修理 | 永久性修理 | | |
| --- | --- | --- | --- | --- |
| | 湿铺层室固化<br>（51-70-03） | 湿铺层<br>150 ℉（66℃）固化<br>（51-70-03） | 湿铺层<br>200 ℉（93℃）固化<br>（51-70-17） | 250 ℉（121℃）固化<br>（51-70-05） |
| 孔 | 损伤的最长尺寸小于 1.0in，并且未超过板的最短边的 30%。按照 51-70-03，REPAIR 14. 修理 | 损伤的最长尺寸小于 2.0in 并且未超过板的最短边的 50%，每侧增加 2 层加强层 | 损伤的最长尺寸小于 3.0in，并且未超过板的最短边的 50%，每侧增加 2 层加强层 | 无尺寸限制 |
| 裂纹 | 长 2.0in 以下，修理依据 51-70-03，REPAIR 14. | 采用和孔修理一样的限制要求 | | |

续表

| 损伤类型 | 临时性修理 | 永久性修理 | | |
|---|---|---|---|---|
| | 湿铺层室固化<br>（51-70-03） | 湿铺层<br>150℉（66℃）固化<br>（51-70-03） | 湿铺层<br>200℉（93℃）固化<br>（51-70-17） | 250℉（121℃）固化<br>（51-70-05） |
| 分层 | 按孔的同样限制标准，修理依据51-70-03，RE-PAIR 14. | 采用和孔修理一样的限制要求 | | |
| 裂痕和划槽 | 如果纤维损伤或存在分层，按孔的同样限制标准，修理依据51-70-03，REPAIR 14. | 如果没有纤维损伤或分层，按照51-70-03，填充裂痕和划槽；<br>如果没有纤维损伤或分层，采用和孔修理一样的限制标准和要求 | | |
| 凹坑 | 按孔的同样限制标准，修理依据51-70-03，RE-PAIR 14. | 损伤尺寸大于2.0in，但没有纤维损伤或分层，按照51-70-03，REPAIR 12. 修理；<br>如果损伤尺寸大于2.0in，并且存在纤维损伤或分层，采用和孔修理一样的限制标准和要求修理 | | |

## 7.2.2 修理铺层材料和层数的确定

原铺层是芳纶纤维、铝/玻璃纤维或镀铝的玻璃纤维，波音飞机系列的结构修理手册都推荐用玻璃纤维布 BMS 9-3 替换原材料层作修理，而原材料是碳纤维的，都推荐用碳纤维 BMS 9-8 替换原材料层作修理。查清原结构的层数、铺层角，准备相应的修理层，层间的搭接至少是 0.5in 或 1in，为了保证顶层的打磨区都能被覆盖，再增加一层其半径扩大 1in 的 BMS 9-3 玻璃纤维加强层，有特别规定的要按照规范用材料。

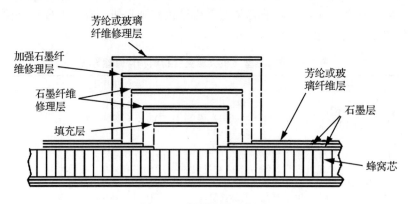

图 7.5 典型铺层示意图

为了增加修理强度、填平铺层，通常都会增加一层填充层铺放在最里面，参见图 7.5铺层。填充层的尺寸和打磨的最内圈吻合，之外才是和原铺层数量对应的修理层。在最外边还要附加一层玻璃纤维打磨层。固化后，表面会有褶皱，为保证气动外形，必须进行打磨，这层玻璃纤维层就起到这样的作用。重要气动力表面的修理在玻璃纤维打磨层的下面还会增加一层加强层，具体修理时要铺多少层，用什么材料修理，是否需要加强层，要增加几层加强层都要参考相应机型的 SRM 来执行。

## 7.3 铺层修理

复合材料层合板结构的铺层修理分为湿铺层修理和预浸料修理两大类。

预浸料修理法通常也被称为干法修理，它是采用预浸料和胶膜作为主要的修理材料，并且这两种材料都要储存在冰箱里保持使用寿命。

预浸料修理又分为 250 ℉固化修理和 350 ℉固化修理，两种修理采用的材料的件号不同，修理的加温工艺也不同。预浸料修理的优点是制作方便、干净，固化后强度较高，通常作为永久性修理方案；缺点是材料的储存需要低温，固化一定要高温，一些小的修理站不能满足设备和工艺的要求。

预浸料修理一般用在部件或构件的特定区域。在复合材料结构修理中，修理材料应与固化温度相应匹配。250 ℉固化修理不能用在 350 ℉固化材料制作的构件上，例如，350 ℉固化修理材料，不能在 250 ℉温度下固化，不得用在 250 ℉固化修理上；同样，250 ℉固化材料也不能用在 350 ℉固化修理上。

在复合材料结构修理中，应采用与固化温度相匹配的胶粘剂。例如，350 ℉的固化温度不能用于 BMS 5-95 胶粘剂粘接的部位。

### 7.3.1 湿铺层修理步骤

湿铺层修理是现场调配树脂并浸渍纤维织物，然后逐层铺放修理补片。它的优点是材料储存方便，临时性修理可以不需要加热设备；缺点是固化温度较低，固化时间长，而且修理后不能完全恢复其原强度和耐用性。为了加速固化过程和提高粘接强度，也可以利用加热设备加热到规定温度固化。一般被用于非重要构件，或仅作临时性修理并规定有后续检查周期。湿法修理的永久性修理是 200～230 ℉的固化。

湿铺层修理需要现场调配树脂，再和干的织布材料浸渍，然后制作修理补片，铺放到被修理区域，进行封装、固化。下面分步介绍各个工序。

1. 调配树脂

湿铺层工艺修理复合材料构件，需要用混合树脂浸渍纤维织布。正确控制混合树脂的含量，对湿铺层修理的质量有重要意义。波音系列飞机和空客修理的结构修理手册中都有重量比规定。波音飞机结构修理手册对浸渍后的纤维布中的树脂重量要求占总重的50%～60%。空客飞机结构修理手册规定玻璃纤维或碳纤维的重量为 1，则树脂的重量为 1.2，即纤维与树脂的重量比例为 1:1.2。

波音飞机复合材料结构修理培训手册（Composite Repair for Technicians-Basic）中规定，浸渍玻璃纤维织布所需树脂的总重是该织布重量的 1.0 倍，即浸渍玻璃纤维织布所需树脂的重量与被浸渍布的重量相等；而浸渍碳纤维织布的树脂总重是织布的 1.3 倍。这个规定与波音飞机结构修理手册的规定是一致的。考虑到在调配时有少量会粘在器皿上，通常还要增加一个 1.05～1.1 的系数。得到总量后，再按树脂和固化剂的调配比例分别计算出各自需要的量，树脂 A 和固化剂 B 的调配比例根据树脂牌号的不同而不同。配胶的各组分的重量要用电子秤精确地称量，图 7.6 所示

图 7.6　称重配胶

在准备修理补片前，首先要根据相应机型的结构修理手册查出原纤维铺层的数目、类型和方向。各修理层必须与原对应铺层的厚度和方向均相同。再根据损伤区域大小，估计需要的纤维布的面积，然后剪裁干纤维布称重。

例如：某复合材料构件湿铺层修理，采用 45g3K-70-P 型碳纤维织布和 12gD 型玻璃纤维织布；BMS 8-301 Class 1 树脂，A、B 组分的混合比为 100:56。试求所需 A、B 组分的重量。

解：所需树脂总量为 $T_W$

按织布重量应配的树脂重量为：$45 \times 1.3 + 12 \times 1.0 = 70.5g$

树脂总量为：　　　　　　　$T_W = 70.5 \times (1.05 \sim 1.1) = 75g$

需要的树脂总量：　　　　　$A_W = 100/(100 + 56) \times 75 = 48.07g$

需要的固化剂总量：　　　　$B_W = 56/(100 + 56) \times 75 = 26.93g$

2. 安全注意事项

调配树脂要佩戴手套、口罩、护目镜。

树脂沾到皮肤上要马上清洁。树脂有一定毒性，要格外小心以免沾染皮肤或溅入眼睛。

### 3. 用树脂浸渍修理层

用树脂浸渍纤维织布修理层的步骤，详见 6.3.5。要注意，制作时，树脂不能刮到织布外面去，以免影响树脂和织布的比例。其操作示例，如图 7.7 所示。

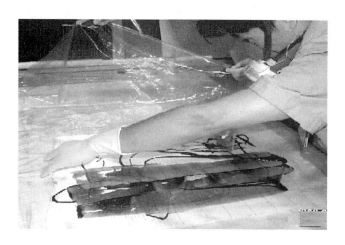

图 7.7　浸渍纤维织布

### 4. 裁剪修理补片

通常先在浸渍好树脂的纤维织布的分离膜上画出所需修理补片的形状和大小。注意，各铺层要标出铺层角，以保证各修理层与原结构各铺层的方向一致。修理补片数量多时，需编号以免出错。然后，按线裁剪成各个修理补片。如图 7.8 所示。

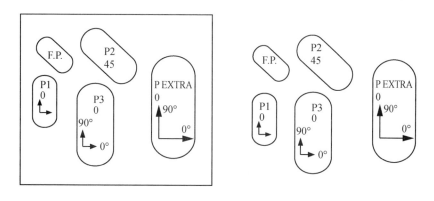

图 7.8　裁剪制作修理补片

5. 铺放修理层

在铺放修理层时应确保使修理层的方向与原铺层的方向相同，铺层时从最内层铺起。通常按以下步骤铺放修理层：

（1）从浸渍过树脂的纤维织品修理层一侧取下分离膜，然后让修理层拿掉分离膜的这面对着修理区表面，使修理层的纤维方向与原铺层方向一致，铺放修理层。

（2）用橡皮滚子在修理层的分离膜上滚动，以便消除皱纹，赶走气泡。不要使压力过大，否则会出现贫胶。

（3）取下该修理层上的分离膜，再用上述（1）至（3）的步骤铺放第2层修理层。这样重复进行下去，直到达到所要求的铺层数为止。

注意：①使每一修理铺层都要有足够的搭接区和原结构层接触。

②分离膜必须拿掉。

③如果需要增加附加层，其方向应按相应机型修理手册的规定来确定。

铺层结束之后进入封装固化的环节。

## 7.3.2 预浸料修理步骤

预浸料修理所使用的材料为胶膜和预浸料。这种把织布和树脂提前混合的方法可以提高生产和修理的效率，但是材料的储存复杂、费用高。预浸料修理是永久性修理，按照加热固化温度的不同，预浸料和胶膜分为 250 ℉ 和 350 ℉ 两种。例如，BMS 5-129 胶膜用于 250 ℉ 固化。BMS 5-154 胶膜用于 350 ℉ 固化。

预浸料修理的步骤为：

（1）确定损伤区域，并按步骤去除水分。

（2）去除损伤层。

（3）修理区域的准备。

（4）材料的准备。修理材料保存在冰箱里，制作补片前要从冰箱中取出，在放置达到室温后才可以解开包装；剪裁需要大小的材料，注意铺层方向。

（5）准备并铺纤维修理层。在准备好修理表面并确定修理层数和准备好模板后，按模板剪裁预浸料和胶膜，然后按照图 7.9 准备修理铺层。预浸料修理层的搭接至少是 0.5 in。

要准备两层胶膜，胶膜尺寸比最外层的加强层大 1/8 in，按照图 7.10 所示的顺序铺放。

（1）一层胶膜，胶膜尺寸大过最大修理层。在加温固化时，它融化后使其上部的所有预浸料铺层和结构修理表面粘接更好。预浸料中虽然含有胶粘剂，但和修理结构表面粘接就必须提供额外的胶膜作补充。

（2）照顺序放上填充层。

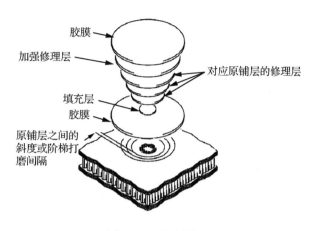

图 7.9　预浸料修理

（3）铺设结构层数相同的修理层。

（4）铺设加强层。这些修理铺层的材料、尺寸和数量要根据 SRM 手册的规定选择。

（5）外层铺一层胶膜，胶膜固化后形成硬的外层可以防潮并可供打磨整形。

（6）封装和固化。预浸料修理的封装与加温的流程和湿法修理基本是相同的，但加温曲线不同，此点在下文的固化环节详述。

## 7.4　封装及固化

### 7.4.1　封装

为了使修理铺层粘接紧密，固化时要对修理区域加压。加压是通过把修理区用真空袋密封起来，对内部抽真空。大气压就可以均匀地对修理区进行加压。

对于封装，预浸料修理和湿法修理的步骤基本相同，下面以湿铺层修理为例，说明封装的工艺程序，如图 7.10 所示。

以湿铺层修理为例，封装的工艺程序为：

（1）湿修理铺层上铺放一层 FEP 有孔分离膜。分离膜尺寸要大过最上层的修理铺层 3in。

（2）在修理区均匀地放置三个热电偶，把它们固定到最外修理铺层上，热电偶连接在热补仪上，作为监控加热的反馈信号源。

（3）铺放一层 2in 的 120 型玻璃纤维织物或相当厚度的玻璃纤维布，作为表面吸胶层。

（4）铺放一层 FEP 无孔分离膜，起到隔离作用，防止下面的胶层加热后渗透过玻璃纤维布而污染上部的加热材料。

（5）把一块金属均压板（可选 0.016in 厚的铝板）放在无孔的 FEP 分离膜上，它比玻璃纤维吸胶布稍小一些。

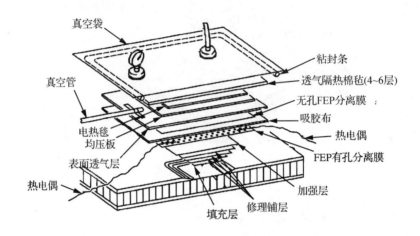

图 7.10　封装

（6）铺放电热毯。它的尺寸要超出修理区最少 2in。

（7）铺放若干层玻璃纤维表面透气布，它们的大小必须超出分离膜、电热毯和均压板，并且与电热毯下面的表面吸胶布相接触。

（8）围绕修理区，在比加热毯大 2.0~6.0in 的周圈放上挤压粘封条。粘接封条一面和修理结构粘接在一起，另一面和真空袋粘接。

（9）把抽真空管基座固定在表面透气布上。

（10）把真空袋铺放在整个修理区的上方，并和挤压粘封条密封。期间，热电偶导线、电热毯导线都要通过粘接封条通向外边，要注意密封效果。

（11）抽真空，并保持 22in-Hg 高的压力。检查是否有漏气，修补漏气点。抽真空可以用热补仪，或直接用气源管连接抽真空设备。

## 7.4.2　固化

固化就是把铺好的材料通过加温的方法，使树脂的化学反应能够在可控的情况下进行，以达到最佳的粘接效果，并缩短固化时间。加温设备有加热灯、烘箱、电热毯、热风枪等。

### 1. 固化温度和时间

（1）湿铺层室温固化修理的固化温度和时间

对于湿铺层室温固化修理，不同的树脂要求的固化温度和固化时间不同。在规定范围内，固化温度升高，固化时间缩短。例如，修理区可以在室温 68 ℉（20℃）下固化 5d 或 150 ℉下固化 180min（3h）。

加热工具可以用防爆灯或电热毯等，具体操作要参考 SRM 手册。如果用防爆灯加温，每分钟最高温升率为 7 ℉，监测温度可以在补片边缘放多个热电偶，以最慢升温的热电偶读数作为固化温度值。固化时真空压力为 22in-Hg。

（2）250 ℉固化修理的固化温度和时间

针对预浸料修理，当用电热毯或等效加热装置加温时，使修理区温度以 2 ~ 8 ℉/min 的温升率上升到 250 ~ 270 ℉，并在这个温度下保持 120 ~ 180min 完成固化。当完成固化后，使修理区温度下降到 125 ℉或更低时，解除真空压力，清除封装材料。250 ℉固化过程，如图 7. 11 所示。

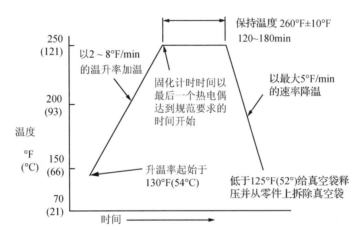

图 7. 11　250 ℉固化过程

（3）350 ℉固化修理的固化温度和时间

针对预浸料修理，通过电热毯或相当的加热装置加温，使修理区温度以每分钟 1 ~ 5 ℉的温升率上升，并在 345 ~ 365 ℉温度下保持 120 ~ 180min，完成固化。当固化结束时，要在保持真空压力下，以每分钟下降 5 ℉的速率冷却。当温度降至 125 ℉或更低时，解除真空压力，拆除封装材料。350 ℉固化过程，如图 7. 12 所示。

固化的注意事项：

- 修理区的固化温度是通过热电偶测得的温度。固化温度不能超过规定的温度值。如果出现超温，结构将产生变形或其他损伤。
- 固化时间是修理区温度达到规定温度所需保持的时间，不包括模具和部件上升到规定温度所需要的时间。
- 加温固化时，尽可能使用慢的温升率，以便使残留的湿气散出并使模具加热。

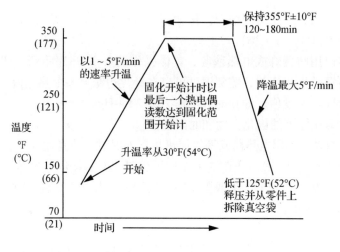

图 7.12 350 ℉固化过程

## 2. 固化压力

在整个固化期间，修理区域必须保持 22in-Hg 高的压力。固化期间还要注意观察真空负压表来判断密封的修理区域有无漏气。可以通过仔细倾听漏气泄流的声音来判断寻找漏气点，还可以采用超声波测漏仪来检测漏气点。发现漏气，要及时按压漏气处的真空袋薄膜使其与粘封条密封。

## 7.4.3 固化设备

固化设备按不同的固化方法分类，有热压罐、热补仪、烘箱和红外加热灯。

### 1. 采用热压罐固化复合材料坯件

热压罐是压力容器，它用空气或氮气加压（有些大型热压罐的工作压力为 500psi），用电加热（工作温度为 250～500 ℉），用水冷却，如图 7.13 所示为全球最大的用于 B787 飞机复合材料机身段固化的热压罐。

### 2. 热补仪

热补仪的型号较多，它具有加热和抽真空控制系统，有的热补仪装备有程序温度控制系统来控制树脂固化过程，甚至还能打印出固化过程中的温度和压力参数，及整个固化曲线。热补仪的外部附加设备有电真空泵、电热毯等。

电热毯由特种硅橡胶和加热元件构成。电热毯通过热补仪的程序控制温度，允许有 10 ℉ 的温差。

图7.13　全球最大的用于 B787 飞机复合材料机身段固化的热压罐

3. 烘箱

烘箱用电加热，用空气冷却，可自动控制加温和保温时间。另外，它还具有自动监控记录器的功能，记录全过程的时间和温度。烘箱不具备加压功能。

## 7.5　固化后的检查和打磨

固化后要进行检查，一般检查修理区域周围至少 2in 的区域是否还存在分层现象。通常采用无损检测方法检查修理区域是否存在孔隙和脱胶现象。检查中若发现较严重的缺陷，应清除原修理材料，重新修理。

可采用敲击法检查。但是，这种检查修理质量的方法是不可靠的，应优先采用无损检测方法确定该修理的质量。

固化后的表面由于是在抽真空下完成的，树脂会形成褶皱的表面。为得到光滑的修理表面，要进行打磨。打磨修理区边缘时，不应损伤修理区及附近结构的纤维，否则将会降低构件强度。

用 180 号或更细的砂纸轻轻打磨最外层的表面和边界，以便得到一个自然过渡的边界。

## 7.6 其他修理方法

### 7.6.1 表面允许损伤的处理

对于各种刮痕、划槽和刻痕等损伤，未穿透表面第一层铺层，面积在 $1in^2$ 以下，并满足其他条件的属于允许损伤，采用下面的方法修理。

1. 临时性修理方法

（1）贴快速胶带（Speedtape）或其他相当的材料。
（2）记录损伤位置。
（3）确保粘接带状态完好，可以满足 400 个飞行小时间隔或更高频率。
（4）在 5000 个飞行小时内完成永久性修理。

2. 永久性修理

（1）涂 BMS 8-201、BMS 8-207 或 BMS 8-301 环氧树脂。
（2）涂表层材料。

### 7.6.2 损伤穿透第一层铺层的修理方法

1. 临时性修理

（1）用真空袋和加热法去除铺层材料中蜂窝芯或泡沫芯中的水分。
（2）贴快速胶带（Speedtape）或其他相当的材料做临时性修理。
（3）记录损伤位置。
（4）在 5000 个飞行小时内完成永久性修理。

2. 层合板小损伤的铺层永久性修理

波音某型飞机裂纹损伤的永久性修理，如图 7.14 所示。

该损伤属于蜂窝芯面板蒙皮小损伤的修理，使用混合树脂湿铺层修理。如果原铺层是单一材料铺的，则修理铺层层数与损伤层数相同，例如原铺层是碳纤维面板的就选碳纤维和树脂 BMS 8-301（EY3804A/B）湿铺层修理；如果原铺层是玻璃纤维面板就选玻璃纤维和树脂 BMS 8-301（EY3804A/B）湿铺层修理；对于不同材料的原铺层，要统一用玻璃纤维进行修理，当一层玻璃纤维或芳纶纤维损坏就用一层玻璃纤维和树脂BMS 8-301（EY3804A/B）湿铺层修理。而一层碳纤维损坏就用二层玻璃纤维和树脂 BMS 8-

301（EY3804A/B）湿铺层修理。

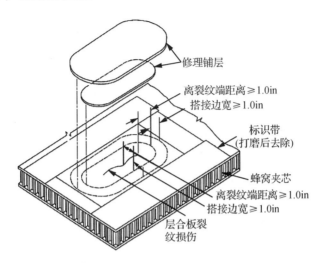

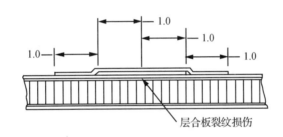

图 7.14　层合板小损伤铺层修理

## 7.6.3　凹坑的修理方法

（1）确定损伤区域，本修理仅限于表面轻微损伤，如果发现纤维或蜂窝被损伤，或分层，要按照其他结构修理规范修理，如图 7.15 所示。

（2）去除损伤区域，允许修理层有 1.0in 的搭接。

（3）去除 Tedlar 或装饰涂层。

（4）清洁损伤区域。

（5）用树脂填平凹坑或略高于周围表面。

（6）固化。

（7）用 150 号砂纸打磨平填充区域。注意：不要磨损到周围铺层。

（8）按要求清洁区域。

（9）准备并修理铺层，当表面铺层材料是芳纶或者玻璃纤维时，采用 BMS 9-3，Type H-2或 H-3 型玻璃纤维；当表面铺层材料是石墨/碳纤维时，采用 BMS 9-8，TypeI，

Class2，3K-70-P 型石墨纤维。修理铺层必须大过填平区周圈 1.0in。

（10）封装并固化。

（11）表面打磨平滑。

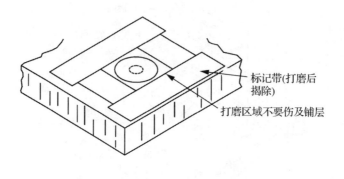

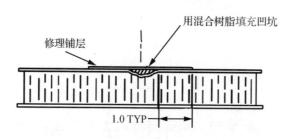

图 7.15　表面凹坑的修理

## 7.6.4　面板边缘的分层

对于面板边缘分层，可以用注胶后夹紧固化的方法修理，下面是具体修理步骤，修理示意图如 7.16 所示。

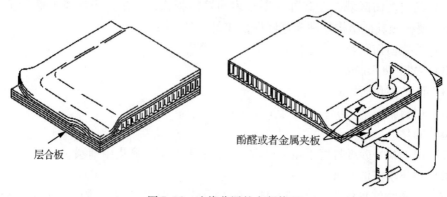

图 7.16　边缘分层的夹紧修理

（1）去除损伤区域的所有的污染和水，修理区一定要全面除水。

（2）在分层区注入树脂，如 BMS 8-301 Class 2、BMS 5-25、BMS 5-92，Type 1 Grade 1。

（3）如图 7.16 方式夹紧分层区域，去除挤出的多余树脂。

（4）按手册要求固化，夹紧要持续到固化结束。这种修理方式不用抽真空加压。

（5）按要求加工表面。

## 7.6.5　注胶粘接法

注胶粘接法用于复合材料层合板内部分层损伤的临时性修理。

复合材料表层没有破损，但是检查发现内部出现分层，或蜂窝芯和表层铺层间分层，可以用注胶粘接法修理。例如，发动机进气道的消音板、舱内地板等都适用于这种方法修理。

对于图 7.17 所示蜂窝结构面板层间的脱胶，可按如下步骤进行修理：

（1）用溶剂清洁表面；

（2）确定分层损伤区域，并标出注射孔的位置；

（3）使用直径为 0.062in 的钻头慢慢钻出两个孔，这两个孔要达到分层损伤处，但不能钻透下层铺层；

（4）把混合好的树脂胶用注射器从其中一个小孔注入到分层损伤处，直到空气从另一小孔跑出，并有树脂胶也随之流出为止；

（5）从构件表面清除多余的树脂；

（6）按制造厂家的规定进行加压固化。

应该指出，用注胶填充法修理分层损伤会增加重量。如果损伤构件是主操纵面，通常，制造厂家不允许采用这种修理方法。另外，通过注入树脂胶进行的修理，不能恢复构件原强度，而且会变脆，在飞行中有时还会引起进一步的分层损伤。所以，上述修理方法仅为一种临时性修理的方法。

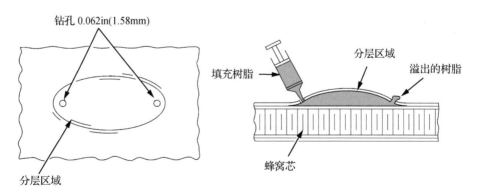

图 7.17　蜂窝结构面板层间分层

**复习思考题**

7.1　写出飞机复合材料层合板修理的流程。

7.2　如何确定复合材料结构是否存在损伤？

7.3　去除复合材料损伤的方法有哪些？操作时个人安全方面要注意什么？

7.4　阶梯打磨法和斜度打磨法有什么区别，哪个更加常用？

7.5　打磨时的安全注意事项有哪些？

7.6　修理区域的水分没有很好地去除，对修理有哪些不利影响？

7.7　如何确定裂纹损伤要用哪种方法修理？

7.8　对一个铺层损伤，原铺层在第2层之下存在分层，应如何修理？要制作多少层修理补片？

7.9　湿铺层修理的步骤有哪些？

7.10　预浸料修理的步骤有哪些？每一步骤的注意事项有什么？

7.11　为什么要对零件进行封装？封装要用到哪些材料和设备？

7.12　固化曲线大致分为几个阶段？固化压力是多少？

7.13　固化设备有哪些？分别用于哪些类型件的修理？

7.14　表面出现划痕，如何修理？

7.15　凹坑损伤的修理方法是什么？

7.16　注胶修理的优点是什么？一般用于修理什么构件？

7.17　试说明清洁不干净对复合材料修理的不良影响。

# 第 8 章　飞机复合材料蜂窝夹芯结构的修理

## 8.1　飞机复合材料蜂窝夹芯结构件的损伤评估和修理准则

飞机复合材料在设计上多采用蜂窝夹芯结构，只有在一些小的结构件、蜂窝夹芯结构件的边缘以及连接处才使用纯层合板结构。在使用过程中，由于交变载荷、外来物撞击、雷击以及环境等因素的作用或影响，会产生各种损伤。为了恢复蜂窝夹芯结构件的性能，应及时修理出现的损伤。

本章以空客系列飞机为例，介绍蜂窝夹芯结构件的修理。希望读者能够触类旁通，掌握蜂窝夹芯结构件的修理技术。在进行实际修理之前，必须查阅相关机型的结构修理手册并按照其规定的工艺实施修理。否则，所进行的修理将是未经许可的。

### 8.1.1　复合材料蜂窝夹芯结构的常见损伤

#### 1. 磨损、擦伤和刻痕

这类损伤容易出现在结构件的蒙皮上。程度轻的只损伤表面保护层，严重的可扩展到蒙皮的纤维结构。

#### 2. 凹坑

造成这类损伤的原因有三种：

（1）如果蜂窝的压缩强度不够，当结构件受到过大的压缩载荷时，蒙皮和蜂窝会同时发生凹陷，形成凹坑，如图 8.1 所示。

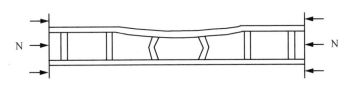

图 8.1　凹坑形成原因之一

（2）如果结构件受到过大的弯矩作用时，会使蜂窝夹芯结构件受到压缩损伤，如图 8.2 所示。

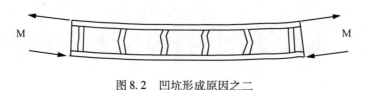

图 8.2　凹坑形成原因之二

（3）外来物的碰撞。例如维护工具跌落、飞机在飞行中发生鸟击等都会产生凹坑损伤，如图 8.3 所示。

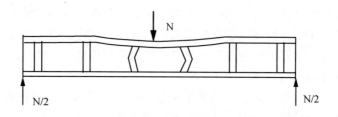

图 8.3　凹坑形成原因之三

## 3. 脱胶

当蜂窝夹芯结构件长期处于声振、高温甚至潮湿环境中，会导致蒙皮与蜂窝之间的粘接面脱胶。另外，不合理的修理方案、胶粘剂的自然老化也会导致脱胶。

## 4. 分层

引起分层的外部原因是钝器冲击而引起蒙皮的纤维铺层分离破坏。内部原因有很多，实质是纤维铺层之间的粘接失效。

## 5. 裂纹

蜂窝夹芯结构具有优良的抗疲劳性能。但是当蒙皮承受过大的交变载荷时，蒙皮依然会出现裂纹，其形状通常是不规则的线状。裂纹是蜂窝夹芯结构件内部出现积水的根本原因。要及时对裂纹进行修理。

## 6. 穿孔性损伤

穿孔性损伤有些只影响一侧蒙皮与蜂窝，如果扩展到另一侧蒙皮就形成彻底的穿孔。孔的周围必然伴随着分层或者脱胶。对于穿孔性损伤，如果不做任何处理，蜂窝夹芯结构件内部会发生积水。

**7. 侵蚀**

液压油等液体会侵蚀复合材料，对于蜂窝夹芯结构的损伤尤其严重，会导致整体结构强度的降低。

**8. 热损伤**

雷击、修理固化温度超标和错误的操作，会使结构件的局部产生热损伤，并导致强度降低。复合材料结构承受的温度过高是产生分层、脱胶的重要原因之一。如果结构的表面保护层出现变色往往预示着该部位有温度过热损伤。

损伤类型与蜂窝夹芯结构件所处的区域有很大的关系。例如，像雷达罩处于机身的最前端，最容易受鸟击、雷击和雨蚀的影响；内侧襟翼导轨整流罩靠近主轮和地面，容易受异物的撞击；客舱、货舱的地板、侧板和顶板最容易受行李、货物的撞击，最容易发生穿孔性损伤。起落架舱门因为经常受各种油污的影响，最容易发生侵蚀损伤。大翼受交变载荷最大，扰流板经常发生脱层、裂纹损伤。所以，各种结构件的使用环境存在差异，在维护时要加强有针对性的检查。

## 8.1.2　损伤评估

实际工作中遇到的情况往往是一个蜂窝夹芯结构件出现了几个相同或者不同性质的损伤。选择合适的检查方法确定损伤，然后对整个结构件的损伤情况进行评估是很重要的，也是制订修理方案的首要任务。通常需要综合考虑以下五个情况：（1）部件的类型；（2）损伤的数量；（3）损伤的位置；（4）损伤的面积；（5）损伤的程度。然后查阅相关机型的结构修理手册，得出具体的修理方案和实施步骤。

## 8.1.3　蜂窝夹芯结构修理需要遵循的准则

对于常见的损伤，相关机型的结构修理手册给出了具体的检测、评估和修理方法。但是在实际工作中也会出现结构修理手册没有说明的损伤。对于这些损伤，通常有两种做法：一是在具有足够的实践经验的前提下，由修理单位工程师制订修理方案再报生产厂家批准并经适航当局批准方可实施。二是报生产厂家由他们出具修理方案经适航当局批准方可实施。

蜂窝夹芯结构修理时，修理人员除应该遵循本书第 6 章所述的修理准则外，还要遵循下列具体的修理原则与要求。

（1）清除损伤的形状尽量采用圆形。因此，更换蜂窝时也要制作形状是圆形的蜂窝芯塞，铺层的补片也是采用圆形补片。

（2）蜂窝芯塞的方向必须与原蜂窝夹芯结构的方向一致。

（3）对蜂窝夹芯结构件的侧面一定要用泡沫填充剂密封。修理区域的周边应用密封剂密封，防止水和化学溶剂的渗入。

（4）对带配重的舵面（如升降舵）的蜂窝夹芯结构部分，修理后应检查重量平衡的情况。另外，对于活动零件或相邻零件上实施修理后，所有运动部位的间隙尺寸都必须在规定的范围之内，不能妨碍活动零件的自由运动及功能。

（5）蜂窝夹芯结构件承受集中载荷的能力很弱，不能直接使用紧固件。

## 8.2　蜂窝夹芯结构的修理方法与标准工艺

本节介绍蜂窝夹芯结构件的修理流程、修理方法与标准工艺。实际工作中，请查阅相关机型的修理手册。

### 8.2.1　修理方法

一旦蜂窝夹芯结构出现可视损伤，就必须进行修理，以防止水、溶液进入蜂窝内引起更大的损伤。复合材料蜂窝夹芯结构出现损伤，如果仅是面板损伤，则按照本书第7章所述的层合板修理方法进行修理即可；如果蜂窝夹芯也受损伤了就按本章的方法实施修理。根据是否更换蜂窝夹芯，蜂窝夹芯结构的修理分为镶接修理法和填充修理法。

1. 镶接修理法

镶接修理法是指用蜂窝芯塞替换受损蜂窝夹芯的修理方法。根据蜂窝芯塞的安装情况，镶接修理又可分为对合镶接和挤压镶接。对合镶接修理是将蜂窝芯塞空套放入去除损伤后的切口中的修理。挤压镶接修理是将蜂窝芯塞挤压进入去除损伤后的切口中的修理。

对合镶接修理法应用广泛。对合镶接修理采用冷修理时，要求蜂窝芯塞的尺寸与去除损伤后的切口尺寸相同，使蜂窝芯塞必须能与周围的原蜂窝相接触。冷修理时蜂窝芯塞的外圆周表面和去除损伤后的切口内圆周面都要涂树脂胶，以使它们粘结固化成一体。当采用热修理时，蜂窝芯塞的外圆周要包裹泡沫胶膜，所以蜂窝芯塞的尺寸通常比切口的尺寸小0.05in。

挤压镶接修理法要求蜂窝芯塞的尺寸大于去除损伤后的切口尺寸，蜂窝芯塞应比切口大1~3个格子（最大0.4in）。蜂窝芯塞必须用比原蜂窝密两个等级的蜂窝制作。

镶接修理中，一般要求蜂窝芯塞的高度比原蜂窝高度略高1mm，以便在后续工序中打磨蜂窝芯塞使之与原蜂窝高度一致并且平整。镶接修理中要注意蜂窝芯塞的芯条方向要与原蜂窝的方向一致。

### 2. 填充修理法

填充修理是指采用灌注树脂或者混合物填充到蜂窝夹芯损伤区域的修理方法。一些对强度要求不高，或者没有扩展到蜂窝夹芯损伤的结构，可按照手册规定对其实施填充修理。本章介绍了混合物填充修理法和胶粘剂注射修理法。填充修理法简单，易于操作，但是容易造成结构的局部应力集中，导致整体结构疲劳强度降低。因此对损伤的面积有明确规定，请查阅相关机型的结构修理手册。

## 8.2.2 结构修理手册有关复合材料结构修理的内容

以 A320 系列飞机为例，结构修理手册中 51-77 COMPOSITES REPAIRS 是关于复合材料结构修理内容的章节，其具体内容如下：
- 51-77-00 COMPOSITE REPAIRS　复合材料修理概述
- 51-77-10 COMPOSITE DAMAGE AND REPAIRS CLASSIFICATION　复合材料部件的损伤和修理分类
- 51-77-11 MATERIALS HANDING AND PREPARATION　材料的处理和准备
- 51-77-12 COMPOSITE REPAIRS-SKIN DAMAGE ALL STRUCTURES　复合材料修理——蒙皮的修理
- 51-77-13 COMPOSITE REPAIRS-SANDWICH STRUCTURES　复合材料修理——蜂窝夹芯结构的修理

熟悉这些内容对复合材料结构修理工作大有裨益。

## 8.2.3 修理材料

### 1. 修理材料及其编号

空客系列飞机结构修理所采用材料的编号与波音系列飞机有所不同。下面先来熟悉一下空客系列飞机常用的修理材料及其编号，如表 8-1 所示。

**表 8-1　空客飞机系列常用的修理材料及其编号**

|  | 名称 | 空客材料编号 |
|---|---|---|
| 1 | 复合材料加强片 | 查阅 SRM 51-77-11 第 6 段 . B. （10） |
| 2 | 碳纤维/环氧树脂预浸料 | 查阅 SRM 51-77-11 第 6 段 . B. （9） |
| 3 | 玻璃纤维/环氧树脂预浸料 | 查阅 SRM 51-77-11 第 6 段 . B. （9） |
| 4 | 蜂窝 | 查阅 SRM 51-77-11 第 6 段 . B. （11） |
| 5 | 碳纤维织物 | 05-088，查阅 SRM 51-77-11 第 6 段 . B. （8） |

| | 名称 | 空客材料编号 |
|---|---|---|
| 6 | 玻璃纤维织物 181 号 | 05-007，查阅 SRM 51-77-11 第 6 段 . B.（8） |
| 7 | 玻璃纤维织物 120 号 | 05-007，查阅 SRM 51-77-11 第 6 段 . B.（10） |
| 8 | 稠密剂 | 05-057、05-067、05-089，查阅 SRM 51-77-11 第 6 段 . B.（10） |
| 9 | 胶粘剂（膏状胶粘剂） | 08-001C 等，查阅 SRM 51-77-11 第 6 段 . B.（2） |
| 10 | 胶粘剂（层压树脂） | 08-010A 等，查阅 SRM 51-77-11 第 6 段 . B.（3） |
| 11 | 胶粘剂（低黏度胶粘剂） | 08-017 等，查阅 SRM 51-77-11 第 6 段 . B.（1） |
| 12 | 胶粘剂（低密度） | 08-022 等，查阅 SRM 51-77-11 第 6 段 . B.（4） |
| 13 | 胶粘胶膜 | 08-042A，查阅 SRM 51-77-11 第 6 段 . B.（6） |
| 14 | 泡沫胶粘剂 | 08-047 等，查阅 SRM 51-77-11 第 6 段 . B.（5） |
| 15 | 密封剂 | 09-002、09-013、09-016，查阅 SRM 51-35-00 |
| 16 | 清洁剂 | 11-003（MEK）、11-004（三氯乙烷），查阅 SRM 51-35-00 |
| 17 | 280～400 号的打磨片 | |

## 2. 常用辅助材料

表 8-2 是常用的辅助材料及其编号。

**表 8-2 常用的辅助材料及其编号**

| | 名称 | 材料 | 用途 | 生产商编号（空客编号） |
|---|---|---|---|---|
| 1 | 清洁剂 | MEK，三氯乙烷 | 清洁修理区域 | （11-003，11-004 查阅 SRM 51-35-00） |
| 2 | 纯净水 | | 用于水膜实验 | |
| 3 | 可剥层布 | 尼龙布 | 分离铺层或用于预固化片的加固片 | AEROVAC：B100 或 TYGAVAC：80BR |
| 4 | 有孔分离膜 | 聚氟乙烯，聚四氟乙烯 | 控制树脂的流动 | AEROVAC：HALAR-P1 |
| 5 | 无孔分离膜 | 聚氟乙烯，聚四氟乙烯 | 隔离树脂 | AEROVAC：HALAR-NP |
| 6 | 塑料板 | 聚烯酸 | 制造模板 | |
| 7 | 吸胶布 | 玻璃纤维织物 181 号或 120 号 | 吸多余的树脂 | 181 号：Mil-C-9084C type VIIIA 或 VIII 120 号：Mil-C-9084C type III |
| 8 | 透气布 | | 形成真空通道 | AEROVAC：AIRBLEED |
| 9 | 真空袋薄膜 | 聚酰胺薄膜 | 铺放真空袋 | AEROVAC：CAPRAN（05-068） |
| 10 | 密封胶带 | | 密封真空袋 | AIRTECH：GS213（09-033） |

## 3. 胶粘剂

各种胶粘剂对整个修理质量起到决定性的作用。各种的胶粘剂的性能、参数如表8-3、表8-4、表8-5 所示。按照空客的标准，把胶粘剂分为三大类：糊状胶粘剂（Paste Adhesive）、层压树脂（Laminating Resins）和低黏度胶粘剂（Low Viscosity Adhesive）。

糊状胶粘剂主要用于湿铺层修理，也可以用于金属和复合材料的粘接，其编号和主要特性见表8-3。

**表 8-3　糊状胶粘剂（ Paste Adhesive ）的编号和主要特性**

| | 生产编号 | 空客编号 | 混合比例 | 操作时间 | 固化时间 |
|---|---|---|---|---|---|
| 1 | HYSOL EA9309. 3NA | 08-017 | 100 份基体，22 份固化剂 | 450g 胶粘剂 30min | 25℃时，3～5d；80℃时，1h |
| 2 | HYSOL EA9321 | 08-010D | 100 份基体，50 份固化剂 | 450g 胶粘剂 40min | 25℃时，7d；80℃时，1h |
| 3 | 3M EC1838 B/A | 08-001A | 100 份基体，100 份固化剂 | 100g 胶粘剂 60min | 25℃时，7d；65℃时，2h；90℃时，30min |
| 4 | HYSOL EA9394 A/B | 08-078 | 100 份基体，17 份固化剂 | 450g 胶粘剂 100min | 25℃时，3～5d；65℃时，1h |
| 5 | CIBA ARALDITE AV138 + HARDENER HV998 | 08-010 | 100 份基体，40 份固化剂 | 100g 胶粘剂 35min | 25℃时，48h；40℃时，16h；100℃时，30min |
| 6 | HYSOL EA934NA | 08-051 | 100 份基体，33 份固化剂 | 450g 胶粘剂 40min | 25℃时，5～7d；50℃时，8h；90℃时，1h |
| 7 | CIBA REDUX 420A/B | | 100 份基体，40 份固化剂 | 100g 胶粘剂 60min | 25℃时，7d；50℃时，4h；120℃时，1h |
| 8 | CIBA ARALDITE AW106 + HARDENER HV9530 | 08-001 | 100 份基体，80 份固化剂 | 100g 胶粘剂 100min | 25℃时，24h；70℃时，1h |

层压树脂主要用于浸渍织物制作湿铺层以及粘接铺层实施湿铺层修理，其编号和主要特性见表8-4。

**表 8-4　层压树脂（ Laminating Resins ）的编号和主要特性**

| | 生产编号 | 空客编号 | 混合比例 | 操作时间 | 固化时间 |
|---|---|---|---|---|---|
| 1 | CIBA ARALDITE LY560 + HY560 | 08-001C | 100 份基体，25 份固化剂 | 500g 胶粘剂 30～40min | 26℃时，7d；65℃时，14h |
| 2 | SHELL EPICOTE 816 + HARDENER RTU | 08-070 | 100 份基体，25 份固化剂 | 30min | 20℃时，16h；80℃时，1h |

续表

| | 生产编号 | 空客编号 | 混合比例 | 操作时间 | 固化时间 |
|---|---|---|---|---|---|
| 3 | HYSOL EA9396 A/B | 08-070 | 100 份基体，30 份固化剂 | 450g 胶粘剂 75～90min | 23℃时，5～7d；80℃时，2h |
| 4 | HYSOL EA9390 A/B | 08-071 | 100 份基体，56 份固化剂 | 250g 胶粘剂 2h | 90℃时，4h |
| 5 | CIBA ARALDITE LY5052 + HARDENER HY5052 | 08-090 | 100 份基体，38 份固化剂 | 100g 胶粘剂 220～260min | 23℃时，5～7d；80℃时，2h |

低黏度胶粘剂应用最为广泛，可以用于注射修理法、湿铺层修理，也可以用于两个部件的粘接其编号和主要特性，见表 8-5。

表 8-5　低黏度胶粘剂（Low Viscosity Adhesive）的编号和主要特性

| | 生产编号 | 空客编号 | 混合比例 | 操作时间 | 固化时间 |
|---|---|---|---|---|---|
| 1 | CIBA ARALDITE AW134 + HARDENER HY994 或者 | 08-010A | 100 份基本，40 份固化剂 | 100g 胶粘剂 60～70min | 60℃时，1h；80℃时，20min |
| | CIBA ARALDITE AW134 + HARDENER HY997 | | 100 份基本，60 份固化剂 | 100g 胶粘剂 50～70min | 20℃时，8h；60℃时，30min；80℃时，15min |
| 3 | 3M EC2216 B/A | 08-017A | 100 份基本，140 份固化剂 | 100g 胶粘剂 90min | 24℃时，7d；65℃时，2h |

## 8.2.4　复合材料蜂窝夹芯结构件的修理流程

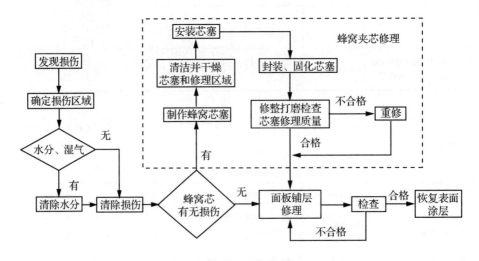

图 8.4　复合材料蜂窝夹芯结构修理流程图

　　发现损伤以后，首先要借助合适的检测方法确定损伤的种类、面积和程度，对损伤做出准确的评估。然后查阅相关机型的结构修理手册获得详细的修理步骤，其修理流程如图 8.4 所示。

## 8.2.5　修理复合材料蜂窝夹芯结构的标准工艺

### 1. 清除水分

　　蜂窝夹芯结构和纯层合板结构相比，内部更容易发生积水。在进行修理之前，必须完全去除积水。在进行热修理时，除湿是很重要的。因为在高温下产生的蒸汽压力会导致分层破坏和影响粘接效果。各种清洁剂也要彻底挥发以后才能进行粘接。可以使用各种加热装置来去除内部的水分，例如电热毯、烤箱和加热灯等。

　　如果蜂窝夹芯结构内部有积水，最好使用电热毯加热除水。典型的清除水分的工艺见第 6 章。

　　另外，利用烘箱、加热灯（烤灯）和热风枪也能除湿、烘干。几个烤灯同时工作的效果要远好于单个烤灯。烘箱适合加热比较大的或者不好铺设真空袋的结构件。

### 2. 清除损伤

　　在需要更换蜂窝的修理中，可采用各种不同的手持工具来切除损伤。对于较大的、形状多变的损伤，可以选择特形铣刀、80 号和 150 号的砂轮以及切割机等。对于形状为圆形的损伤，可以选择不同外径的孔锯。典型的清除损伤操作在第 6 章中已述。

　　切除损伤时，应尽量使用导向装置。切除损伤蒙皮后要修整边缘，切口形状为带圆角的矩形、圆形或椭圆形。要注意切除损伤时不能损伤完好的纤维铺层、蜂窝和周围材料。当蜂窝也有损伤时，按与蒙皮切口相同形状切除受损蜂窝。切除的蜂窝必须超过目视损伤范围至少 0.5in。同时要避免损伤对面完好的蒙皮。

　　切除损伤时会产生大量粉尘、碎屑，要及时用真空吸尘器清洁。另外只能使用气动马达作为动力源。若使用电动马达，当切除碳纤维/环氧树脂复合材料时，粉尘进入电动马达中会造成短路而损坏电机。

### 3. 打磨

　　如果选择镶接修理法，在切除损伤后，要在切口以外的蒙皮上打磨、修整铺层区域。

　　（1）首先用保护带盖住被打磨以外的区域，被遮盖区域的大小与修理铺层数有关。一个受损结构件原始的铺层数和各铺层的方向可查阅相关机型的结构修理手册。一般说来，湿铺层的冷修理，相邻轮廓线之间的距离是 0.5in 或者 1.5in。对于采用预浸料的热修理来说，距离必须是 0.5in。

　　（2）均匀地打磨切口以外的铺层区域。打磨时要满足相邻层轮廓线之间的距离要求。通常来说，对于非气动敏感区域，可以采取台阶打磨法；对于气动敏感区域，采取斜坡打磨法。一定要注意打磨时不要损伤各层的原始纤维，否则会降低结构件的结构强度。

（3）对于外部有保护层的结构件，在铺层区域外面还要有个只去除保护层的区域，并且铺层区域的轮廓线要控制在 2.0in 的距离。使用 150 号或者更细的砂纸打磨、去除漆层和导电层。注意，绝对不能用清洁剂清除漆层。整个打磨的操作和要求与本书第 6 章所述相同。

### 4. 清洁

所有溶液、油污对于修理都是危险的，只能使用许可的清洁剂进行清洗。将少量的清洁剂滴到无纺布上，而不能将布伸进清洁剂容器中，以免污染清洁剂。清洁剂 11-003、11-004 对人体是有害的。修理区域的标准清洁步骤如本书第 6 章所述。

### 5. 制作、安装蜂窝芯塞

在需要更换受损蜂窝的修理中，需要制作、安装和固化蜂窝芯塞。查阅相关机型的结构修理手册，确定原蜂窝的类别、型号和等级，以便制作蜂窝芯塞。

（1）对于冷修理，当原蜂窝的高度不高时，可以直接使用新的蜂窝制作蜂窝芯塞。如图 8.5 所示。

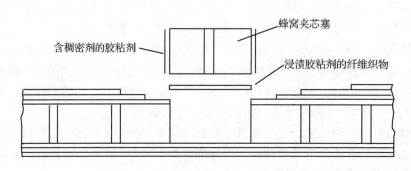

图 8.5　冷修理的蜂窝芯塞安装

①测量修理区域切口的深度和直径。

②按比第一步中测量的深度大 1mm、直径稍大的尺寸切一个蜂窝芯塞。注意蜂窝芯塞必须与原来的蜂窝或者蒙皮表面齐平，并且要与周围蜂窝有密切接触。多余的 1mm 高度是考虑到固化时的收缩以及打磨需要。

③清洁、干燥蜂窝芯塞。可以把蜂窝芯塞放入清洁剂中浸泡 60s，清除上面的污染物。也可以对蜂窝芯塞进行蒸气脱脂 4 次，每次 30s。处理过的蜂窝芯塞必须彻底烘干，无清洁剂痕迹时才能安装。

④在蜂窝芯塞的四周涂上添加了稠密剂的胶粘剂，把蜂窝芯塞小心塞入切口。事先

在切口底部的蒙皮上铺放一片含有胶粘剂的玻璃纤维或者碳纤维织物。

⑤在蜂窝芯塞的上面施加重物,按照所选用胶粘剂的性能、参数固化蜂窝芯塞。当修理区域是曲面时,必须铺设真空袋、加热装置固化。

(2) 当冷修理中的原始蜂窝高度较高时,可将几块蜂窝叠起来制作蜂窝芯塞。如图8.6所示。

①对于所要进行的修理,切两块形状一样的蜂窝。

②剪一块比蜂窝芯塞略大一点的纤维织布。

③准备胶粘剂08-001C、08-010A或08-030。

④通过刮布操作,使胶粘剂浸渍透纤维织布。

⑤把纤维织布粘接到第一块蜂窝的表面,再把第二块蜂窝粘接到纤维织布上,等于用纤维织布把两块蜂窝连接起来。注意:两块蜂窝的方向要一致。在两块蜂窝上施加压力,按照胶粘剂的性能、参数固化叠起来的蜂窝芯塞。

⑥清洁、烘干并按原蜂窝的方向把叠加的蜂窝芯塞安装到切口里。

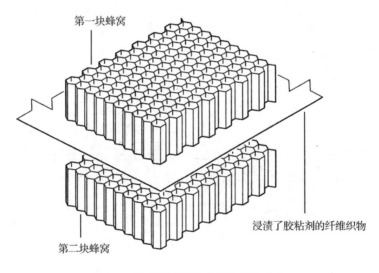

第一块蜂窝

浸渍了胶粘剂的纤维织物

第二块蜂窝

图8.6 几块蜂窝叠起来制作蜂窝芯塞

(3) A320系列飞机的SRM手册规定,对于热修理,当原始蜂窝高度≤10mm时,可以直接制作蜂窝芯塞,更换受损蜂窝;当原始蜂窝高度>10mm时,在结构件上、下蒙皮都能接近的条件下,可以直接用>10mm的蜂窝芯塞进行修理。必须在上、下蒙皮上同时铺设真空袋、电热毯加热,以确保整个结构件受热均匀。在只能接近单侧蒙皮的条件下,不能使用>10mm的蜂窝芯塞。因为这样会因为热量传递不良而影响修理质量。优先考虑只切除、更换受损蜂窝的上半部分,以保证修理质量。另外,热修理的蜂窝芯塞通过专用的泡沫胶粘剂固定到切口里。如图8.7所示。

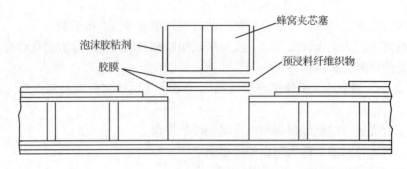

图 8.7　热修理的蜂窝芯塞安装

## 6. 封装

在完成蜂窝芯塞的安装之后，紧接着就要对修理区进行封装，为芯塞固化做准备。典型的采用电热毯加热固化蜂窝芯塞的封装，如图 8.8 所示。

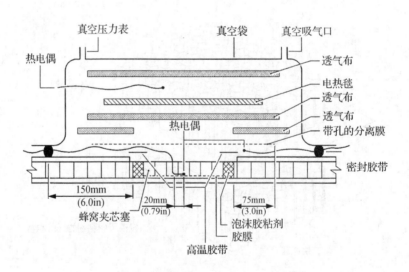

图 8.8　采用电热毯加热固化蜂窝芯塞的封装

封装及其注意事项：

（1）铺放封装材料的顺序：在芯塞修理区域外周均放 3 个热电偶，然后依次铺放一层带孔的分离膜、一层隔离透气布（Breather for Insulation）、透气布、电热毯、热电偶和透气布，在修理区域靠外侧的部位放置抽真空管和真空表的接头座，再在修理区外周铺放一圈粘封条，最后铺放真空袋薄膜使修理区域密封；对于平整的修理区域，可以在透气布之上，电热毯之下，安放一块均压板。

（2）如果夹芯塞的厚度≤0.5in，则只在外侧铺放加热毯，并至少在修理区域放两个单独的热电偶；如果夹芯塞厚度＞0.5in，并且两面都可以接近时，则在两侧均铺放电热毯，并且在外侧沿修理区域放两个单独的热电偶，在内侧修理中心处放一个热电偶；如果夹芯塞厚度 >0.5in，并且只有外侧可以接近时，则在外侧铺放电热毯，并至少将两个热电偶放入孔洞中，使热电偶与孔洞下部的修理材料接触；热电偶的探测头需要用胶带固定。

（3）铺放的电热毯至少比修理区域大出 2.0in。

（4）真空袋薄膜必须与粘封条压紧以保证密封不漏气。

### 7. 固化芯塞

完成封装后，就要进行固化。固化有室温固化和加温固化两大类。

（1）室温固化

室温固化芯塞用于不重要的蜂窝夹芯结构的修理。室温固化修理中，为了缩短树脂固化的时间，往往也采用加温的手段来达到其目的。通常，室温固化加温不超过 150 ℉。如果是采用真空袋封装的，则需要保持 0.8bar 的最低压力。按规定的温度加温，升温速率控制在 3℃/min。按照胶粘剂的性能、参数固化。注意固化时间是从热电偶指示已达到要求的固化温度时开始计算。

当固化结束时，要在保持设定压力的条件下，以 3℃/min 的速率冷却。当温度降至 50℃ 或更低时，解除压力。

（2）加温固化

飞机结构修理手册推荐的加温固化，有三种温度：200～230 ℉、250 ℉ 和 350 ℉。现以 250 ℉ 热修理为例说明其加温固化程序。

在完成封装之后，需要将热电偶、电热毯和抽真空设备等与热补仪连接，然后，根据所需的加温温度、温升率、保温时间和降温速率，在热补仪上予以设置，即可实施固化工艺。

图 8.9 是一个典型的 250 ℉ 热修理固化程序。

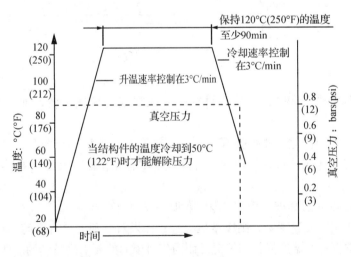

图 8.9　典型的 250 ℉ 热修理固化程序

一个完整的固化程序可以分为升温、保温和降温三个过程。在固化过程中要注意以下几点：

①确保在修理方案中给出的蜂窝厚度限制都被遵守。蜂窝厚度限制保证了有足够的热量能穿透蜂窝芯塞以固化胶粘剂。特别是在结构件只有单侧蒙皮可以接近的情况下，蜂窝厚度的限制对修理质量尤为重要。

②如果采用真空袋，应保持0.8bar的最低压力。

③将修理区域的温度升高到250℉，升温速率控制在3℃/min。

④让结构件在250℉的温度下按照胶粘剂性能、参数规定的时间进行固化。注意固化时间从热电偶指示已达到要求的固化温度时开始计算。

⑤当保温结束时，要在保持设定压力的条件下，以3℃/min的速率冷却。当温度降至50℃（122℉）或更低时，解除压力。

固化过程中，针对不同的时间段对修理质量影响程度的不同，又把固化过程按时间分为四个区，如图8.10所示。

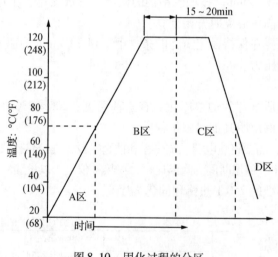

图8.10　固化过程的分区

A区：如果温度立即降低，检查真空袋有无泄漏。检查设备，如必要就及时替换掉。

B区：如果停止固化，则拆除真空袋和加热设备，重新进行修理。

C区：对修理区域进行无损检测，看修理区域有无扭曲、褶皱、剥落、膨胀，周围有无分层、脱胶等。

D区：可以接受的修理，按照A320SRM51-77-10检查。

注意：如果出现凝胶现象，则按B区处理；如果对修理质量有疑问，则按B区处理；以上的处理方法仅针对温度异常的情况，而固化对压力的要求是持续的。所以一旦发现固化过程中压力降低，结构件的内部就可能出现了分层、脱胶，建议重新进行修理。

### 8. 检查和修整

在修理区域完成固化并拆除封装材料后，检查蜂窝芯塞与原蜂窝粘接情况并应轻轻地打磨蜂窝芯塞的端面，使之形成平整、光滑的表面并达到高度要求。应当注意，打磨修理区域边缘时，不应损伤各铺层的纤维，否则会降低结构的强度。推荐先使用 280 号的砂纸打磨，再用 400 号的砂纸抛光。用清洁剂 11-003 或 11-004 清洁修理区域表面。

### 9. 铺层修理

在完成蜂窝芯塞的检查和修整后，就要准备蜂窝夹芯结构面板的铺层修理。对于层合板的铺层修理本教材第 7 章已有详述，此处仅简要介绍层合板铺层修理的要点。

如果使用预浸料和粘接胶膜实施铺层修理，要注意当把这些冷冻的材料从冰箱取出后，要在室温下彻底解冻以后才能打开其封装袋。另外，一定到佩戴干净的手套拿或者接触预浸料和粘接胶膜，避免这些修理材料被手上的油、液体污染。

湿铺层修理时，需制作湿铺层，要注意纤维织布与树脂的重量比例，一般按 1∶1.2 的重量比准备纤维织布和胶粘剂。浸渍纤维织布（刮布）操作要让胶粘剂彻底浸透纤维织布。纤维织物里面含有的胶粘剂过少，会影响粘接效果；过多又会导致整个结构的强度下降。另外，不能随意改变胶粘剂基体与固化剂的比例。目前，飞机结构修理中用的电子秤，其称重精度达到 0.1g，能够满足各种比例配胶称重的要求。胶粘剂的基体（即树脂）和固化剂称好以后，通常将固化剂倒入树脂中，要充分搅拌 3~5min，以保证搅拌均匀。调配好的胶粘剂要在其使用寿命期间内尽快地使用。

湿铺层冷修理，其铺层方案有 A、B、C 和 D 四个方案可供选择，如图 8.11 为所示。

注意，图 8.11 所示铺层顺序只针对单侧蒙皮和蜂窝需要修理的结构件。方案 A、B 适用于斜坡打磨法的修理。每层铺层之间轮廓线之间的距离控制在 0.5in；第一层铺层要确保能覆盖切口以外 0.6in 的完好区域；方案 C 适用于台阶打磨法的修理。方案 D 适用于蒙皮厚度 <1.0 mm 的结构件，这类结构件的蒙皮太薄，不适合打磨。

具体湿铺层的操作，见本教材第 6 章。

### 10. 检查和修整

（1）在修理区域完成固化并拆除封装材料后，应轻轻地打磨修理区域，以便形成光滑的表面。应当注意，打磨修理区域边缘时，不应损伤各铺层的纤维，否则会降低结构的强度。推荐先使用 280 号的砂纸打磨，再用 400 号的砂纸抛光。用清洁剂 11-003 或 11-004 清洁修理区域表面。

（2）通常采用无损检测方法检查修理区域是否存在分层、脱胶等缺陷。检查的范围应扩大到修理区域以外 2in 的范围。没有无损检测条件时，可以使用金属敲击修理区

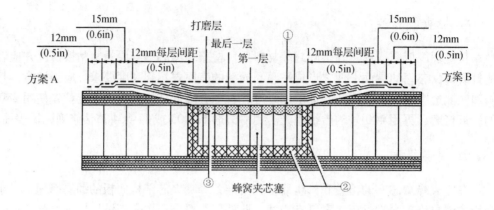

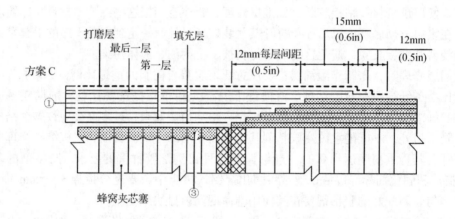

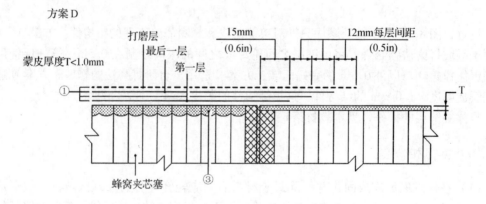

注：①铺层的各种材料请参考结构修理手册的具体章节；

②蜂窝夹芯塞的四周涂上添加了稠密剂的胶粘剂；

③某些特殊的修理需要在铺层之前用泡沫胶粘剂把蜂窝的开口封闭起来并且固化、修整齐平。

图 8.11　湿铺层冷修理的方案

域。如果发出钝的声音，代表分层、脱胶等缺陷；如果敲击声清脆，修理是可以接受的。但是这种金属敲击检查法是不可靠的，应尽快采用无损检测方法确定修理质量。

### 11. 恢复复合材料结构表面的保护层

完成铺层修理的检查和修整之后的工作是恢复复合材料结构表面的保护层。复合材料结构表面普通区域各保护层的顺序如图 8.12 左侧所示，特殊区域各保护层的顺序如图 8.12 右侧所示。

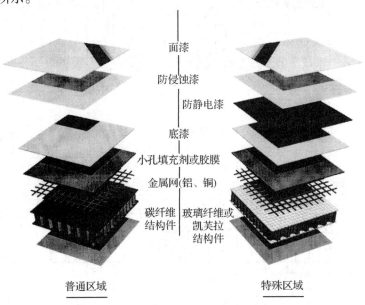

图 8.12　复合材料表面各保护层的顺序

## 8.3　蜂窝夹芯结构件常见损伤的标准修理

在空客系列飞机 SRM 的 51-77-13 中，对蜂窝夹芯结构件的各种损伤给出了具体的修理方案。本节介绍三种最常见损伤的修理方案。实际工作中，请以相关机型的最新结构修理手册为准。

### 8.3.1　对合镶接修理法

对合镶接修理法前面已有介绍。工作中遇到蜂窝夹芯结构的损伤可以根据受损情况选择铺层材料和固化温度。通常，采用预浸料热修理的对合镶接修理法广泛应用于蜂窝夹芯结构件的修理中。该修理法适用于蒙皮是曲面或者平面的结构件。修理的过程为先切除受损蜂窝，再安装、固化蜂窝芯塞，最后修理受损的蒙皮。本节介绍蜂窝和单侧蒙皮受损的永久性修理方案，修理材料使用指定的预浸料。

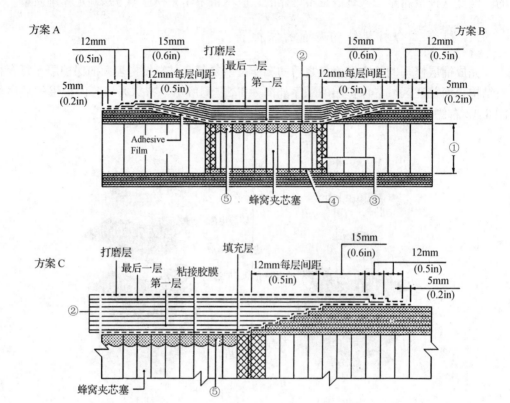

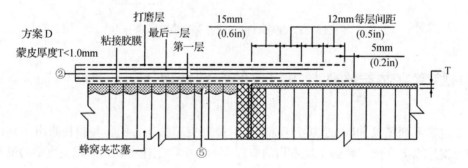

注：① 对于热修理需要注意修理蜂窝的高度；

② 铺层的各种材料请参考结构修理手册的具体章节；

③ 泡沫胶粘剂；

④ 胶膜；

⑤ 某些特殊的修理需要在铺层之前用泡沫胶粘剂把蜂窝的开口封闭起来并且固化、修整齐平。

图 8.13　对合镶接修理法

**1. 蜂窝和单侧蒙皮受损结构件采用对合镶接修理的方案**

蜂窝和单侧蒙皮受损结构件的修理，如图 8.13 所示。方案 A、B 适用于斜坡打磨法的修理。每层铺层之间轮廓线的距离控制在 0.5in；第一层铺层要确保能覆盖切口以外 0.6in 的完好区域；方案 C 适用于台阶打磨法的修理。方案 D 适用于修理蒙皮厚度 <1.0mm 的结构件，这类结构件的蒙皮太薄，不适合打磨。所有方案在第一层铺层之前要铺设一层粘接胶膜。尺寸要求比最外面打磨层的范围大 0.2in。

**2. 修理步骤**

（1）准备、烘干修理区域表面。

（2）制作、清洁和干燥蜂窝芯塞。

（3）安装、固化蜂窝芯塞。对于要求较高的热修理，可以使用真空袋、抽真空装置和加热装置。当蜂窝的格子间距比较大时，需要在蒙皮修理之前，处理蜂窝的格子。通常的处理方法是在蜂窝芯塞上粘接已经固化的纤维铺层。如果把软的预浸料直接粘接到未经处理的大格蜂窝上，等固化以后则会出现蒙皮表面凹凸不平的现象，而且在蜂窝格子中间的铺层容易出现分层等缺陷。

（4）准备铺层用的材料。

（5）按照要求铺层。

（6）封装与固化。

（7）拆除封装后，打磨修整并清洁修理区域表面。

（8）检查修理质量。

（9）恢复结构件表面的保护层。

## 8.3.2　混合物填充修理法

当蒙皮的损伤扩展到蜂窝时，在去除蜂窝的直径 <25mm 的条件下，可以采用以下修理方案。但是该修理方案不适合蒙皮是曲面的结构件。加强片采用预固化片。根据填充剂和预固化片的不同，也可分冷修理和热修理。这里介绍在室温条件下固化的修理法，如图 8.14 所示。

修理步骤如下：

（1）准备、烘干修理区域表面。

（2）准备加强片。

（3）准备填充剂。常用的材料有：08-001、08-001C 或 08-022。在填充剂中加入稠密剂，充分混合后得到不流动的膏状体；关于填充剂和稠密剂的混合比例，SRM 要求 100 份填充剂混合 2～5 份稠密剂。每一种填充剂的流动性是有区别的，例如 08-078（EA9394）混合以后比 08-051（EA934）要稀一些，也就是更容易流动，需要加入更多的稠密剂。加入稠密剂以后的填充剂会变脆、强度有所下降，固化时间也会延长。所以要根据实际需要加入稠密剂，并不是越多越好。混合操作中，把粘有填充剂的调胶棒竖起来，填充剂如果没有明显地流动，就可以使用了。

（4）将填充剂灌注入蜂窝夹芯损伤处，尽量使之与蒙皮齐平。

（5）在最外面覆盖一层分离膜，然后进行固化。如果加热固化，小心温度不能高，否则填充剂中容易产生气泡。

（6）修整固化的填充剂，确保与蒙皮齐平。

（7）准备胶粘剂。常用材料：08-010A、08-010C 或 08-017。

（8）将清洁好的加强片粘接到修理区域上。

（9）封装和固化。铺设真空袋、抽真空装置和加热装置；在 80℃ 的温度下固化 1h，保持 0.8bar 的最低压力。

（10）拆除真空袋、抽真空装置和加热装置。

（11）检查修理质量。

（12）去除加强片周围溢出的树脂。用清洁剂 11-003 或者 11-004 清洁修理区域表面。

（13）恢复结构件表面的各保护层。

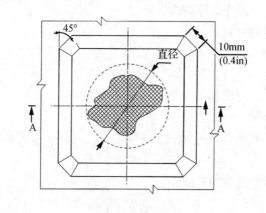

图 8.14　混合物填充修理法

### 8.3.3 轻微脱胶的永久性修理

当蒙皮与蜂窝之间出现直径 <30mm 的小范围脱胶，如果内部蜂窝没有损伤，则可以采取胶粘剂注射修理法，如图 8.15 所示。该修理法适用于平面或者曲面的结构件。如果脱胶区域直径≥30mm，就不能使用这种修理法。

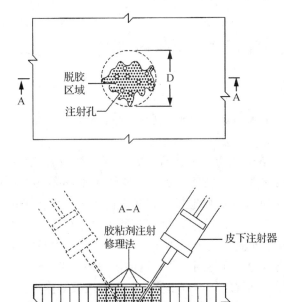

图 8.15 轻微脱胶的永久性修理

修理步骤如下：

（1）检查损伤区域，确定损伤范围。

（2）在脱胶发生的区域，用硬质合金钻头钻足够数量的注射孔。注射孔的直径要刚好能插入皮下注射器的针头。孔的直径≤3mm，孔的间距≤15mm。

（3）彻底烘干结构件内部的蜂窝。

（4）准备胶粘剂。常见的胶粘剂：08-001C、08-010A 或 08-030。

（5）把混合好的胶粘剂装入皮下注射器针筒中，然后注入蜂窝中。从不同的方向重复这一操作，确保蜂窝和注射孔都被注满。

（6）盖上一块足够大的分离膜，然后在其上面施加一个均匀的压力。对于曲面的结构件，有必要铺放真空袋、抽真空装置和加热装置，以确保蒙皮和蜂窝重新粘接在一起。

（7）均匀加热修理区域，在80℃的温度下固化1h。

（8）去除分离膜。如果有的话，先拆除真空袋、抽真空装置和加热装置。

（9）检查修理质量。

（10）恢复结构件表面的保护层。

## 8.4 蜂窝夹芯结构件的修理实例

### 8.4.1 复合材料蜂窝夹芯地板的修理

1. 概述

地板是飞机上最早采用复合材料蜂窝夹芯结构的部件。根据不同的应用区域，飞机地板可分为三个区域。

A 区（Zone A）：客舱地板，由玻璃纤维/环氧树脂或者碳纤维/环氧树脂制成。

B 区（Zone B）：集装箱式货舱地板，由玻璃纤维/环氧树脂制成。

C 区（Zone C）：散装式货舱地板，有两大类：第一种由玻璃纤维/环氧树脂制成，表面覆盖一层铝板；第二种全部由玻璃纤维/环氧树脂制成。

与客舱地板、集装箱式货舱地板相比，散装式货舱地板很容易因为受到外来物的撞击而产生损伤。损伤分为半穿透损伤和穿透损伤两种。半穿透损伤是上蒙皮与蜂窝夹芯同时受损。而穿透损伤则继续扩展到下蒙皮，导致地板结构损伤。在实际工作中，半穿透损伤是经常发生的，穿透损伤则很少发生。半穿透损伤如果不能得到及时修理，也会发展为穿透损伤。对于已经发生穿透损伤的地板，建议及时更换。本节以散装式货舱地板半穿透损伤为例，介绍一下蜂窝夹芯结构地板的修理。

2. 散装式货舱地板半穿透损伤的级别与修理措施

（1）当损伤的最大直径≤85mm 时，定义为 I 类损伤。修理措施如下：

①临时性修理，用铝胶带密封损伤区域，尽快进行永久性修理；

②永久性修理，在 350 个飞行小时内，按照永久性修理 A 方案进行修理。

对 I 类损伤的要求是：同一块地板上任何一个损伤的最大直径≤85mm；相邻两个损伤的边缘之间的距离必须大于其中一个较大损伤最大直径的两倍，否则两个损伤视为一个整体损伤进行修理；在 X、Y 两个方向上，损伤的边缘和地板边缘之间的距离必须≥40mm。X 方向为飞机的纵轴方向，Y 方向为横轴方向。

（2）当 85mm≤损伤的最大直径≤250mm 时，定义为 II 类损伤。修理措施如下：

①临时性修理，用铝板和胶带密封损伤区域，尽快进行永久性修理；

②永久性修理，在 350 个飞行小时内，按照永久性修理 B 方案进行修理。

对 II 类损伤的要求是：同一块地板上任何一个损伤必须满足，85mm≤损伤的最大直径≤250mm；相邻两个损伤的边缘之间的距离必须≥70mm，否则两个损伤视为一个整体损伤进行修理；在 X 方向上，损伤的边缘和地板边缘之间的距离必须 ≥200mm，在 Y 方向上 ≥40mm。

（3）当损伤的最大直径 ≥250mm 时，定义为 Ⅲ 损伤。修理措施如下：

①临时性修理，在整个地板上覆盖 0.8mm 厚的铝板；

②永久性修理，在 150 个飞行小时内，更换地板。

对 Ⅲ 类损伤的要求是：在 X 方向上，相邻两个损伤的边缘之间的距离必须 ≥2×Rrame Bay。在 Y 方向上，相邻两个损伤的边缘之间的距离必须 ≥1×Rrame Bay。在 X 方向上，任何一个损伤的边缘和地板边缘之间的距离必须 ≥200mm，在 Y 方向上 ≥40mm。Rrame Bay 定义为：地板下面两个隔框之间的距离。

（4）在同一块地板上，当所有损伤面积之和超过整个地板的 10% 时，必须进行永久性修理或者更换地板。

（5）当损伤的边缘和地板边缘之间的距离不满足以上的条件时，按照永久性修理 C 方案进行修理。

## 3. 三种永久修理方案

### （1）永久性修理 A 方案

该修理方案适用于 C 区地板的半穿透修理，要求损伤的最大直径 ≤85mm，不需要更换受损蜂窝。当地板为铝板覆盖的玻璃纤维/环氧树脂地板时，需要按照说明图在填充剂上面粘接相应尺寸的铝板补片。补片为 1.2mm 厚的 Clad 2024 T3 铝板。如果地板为纯玻璃纤维/环氧树脂地板，则不需要粘接补片，如图 8.16 所示。

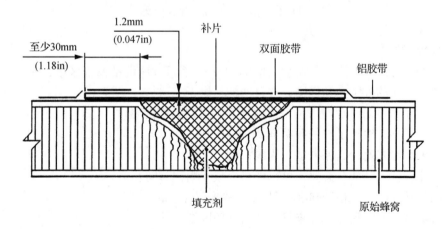

图 8.16　地板永久性修理 A 方案

具体修理步骤如下：

①去除修理区域的漆层。用清洁剂 11-003 或 11-004 清洁修理区域，并且烘干。

②重新评估损伤，看损伤是否满足 A 方案对损伤的要求。

③按照说明图的尺寸要求切割补片，并且倒角，清洁补片。

④用双面胶带08-065覆盖补片的背面。

⑤用足够的填充剂08-001填充损伤，固化填充剂，确保填充剂与周围高度一致。

⑥把准备好的补片粘接到合适的位置。为了达到更好的粘接效果，可以在补片上施加一个压力。

⑦修整、清洁修理区域，用铝胶带把补片的边缘密封起来。

⑧恢复修理区域的漆层。

（2）永久性修理B方案

该方案适用于C区地板的半穿透损伤。损伤必须满足：85mm≤损伤的最大直径≤250mm。要求更换受损蜂窝，铝板补片用1.2mm厚的Clad 2024 T3的铝板，蜂窝芯塞可以使用LN29967C5蜂窝，如图8.17所示。

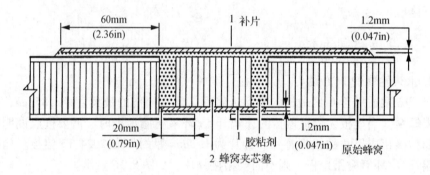

图8.17　地板永久性修理B方案

修理步骤如下：

①去除修理区域的漆层。用清洁剂11-003或者11-004清洁修理区域，并且烘干。

②去除损伤的外蒙皮和蜂窝，并且清洁、烘干。

③重新评估损伤，看损伤是否还满足B方案对损伤的要求。

④准备蜂窝芯塞和足够的胶粘剂08-017。

⑤安装蜂窝芯塞，确保高度与周围一致。

⑥固化胶粘剂。如有必要，可以加热以减少固化时间。

⑦准备补片。用胶粘剂08-017把补片粘接到合适的位置。

⑧去除多余的胶粘剂，并修整、清洁修理区域。

⑨恢复修理区域的漆层。

（3）永久性修理C方案

当损伤的边缘和地板边缘之间的距离不能满足A、B方案的要求时，必须按照C方案进行修理，如图8.18所示。

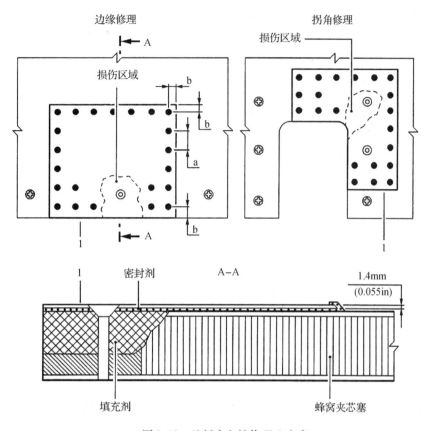

图 8.18 地板永久性修理 C 方案

修理步骤如下：

①去除损伤区域周围的密封剂。去除修理区域的漆层，并用清洁剂 11-003 或 11-004 清洁。

②去除损伤，尽可能形成规则的切口。清洁损伤，并且烘干。

③重新对损伤进行评估，看是否还满足 C 方案对损伤的要求。

④准备一块铝板 Counter-Sheet 把损伤区域和相邻的地板隔开，以便填充剂固化时形成合适的形状。在 Counter-Sheet 和原始紧固件上涂抹脱模剂 05-020，并且安装到位。

⑤用足够的填充剂 08-001 填充损伤，并且固化填充剂。用 200～400 号的砂纸打磨填充剂，确保填充剂和周围高度一致。

⑥拆除修理区域的 Counter-Sheet 和原始紧固件。

⑦按照要求制作补片，并且倒角，清洁补片。在补片上涂上底漆 16-020。

⑧把补片安装到位，在补片上复原始紧固件的孔；参照原结构件的铆钉间距和边距的要求，钻铆钉孔。间距 15mm，边距 10mm。铆钉：ASNA 0077B-4-02。所有孔要去毛刺、划窝。

⑨用密封剂 09-016 湿安装补片，同时密封补片与相邻地板之间的间隙。

⑩去除多余的密封剂，并修整、清洁修理区域。恢复修理区域的漆层。

## 8.4.2 机头雷达罩的修理

### 1. 概述

了解机头雷达罩的功能是对它进行妥善维护、修理的先决条件。气象雷达系统为飞行员提供目视的气象条件，以避免飞机进入风暴、雨、雪、冰雹区和乱流，并且还能帮助飞行员观察前下方的地形。所以，气象雷达系统对飞行安全是很重要的。雷达罩必须做到在大气、雨、雪、冰雹、闪电、鸟击的环境下保护气象雷达，阻挡这些物体的直接撞击。除了结构必须坚实、可靠以外，还要求雷达罩符合透波率和电阻的要求。雷达罩的修理可以分为结构修理和其他修理。本节介绍了结构修理，其他修理如保护层、导电条和附件的修理就不作介绍。A320 的 CMM53-15-11 中的 Repairs 部分有详细介绍，可以查阅。

图 8.19 是空客系列飞机使用的雷达罩。结构的大部分是蜂窝夹芯结构，与机身连接的区域是凯芙拉质地的层合板结构（Monolithic Area）。由于采用非金属的蜂窝夹芯结构，所以机头雷达的电信号可以穿越。8 根金属导电条对称分布于雷达罩的表面，整个雷达罩的表面喷涂防静电漆，导电条与防静电漆相接触。当发生雷击或者机身摩擦起电时，大量静电荷可以被转移、释放，雷达罩从而避免被击穿。

雷达罩的内部结构和铺层如图 8.20 所示。

### 2. 检查和损伤评估

#### （1）目视检查

在每一次飞行之后，都要目视检查雷达罩。当飞机在飞行中遭遇雷击、冰雹还有类似鸟击的意外撞击时，需要进行详细的结构检查。

从外侧进行的目视检查包括：

①检查导电条是否松动；

②检查雷达罩表面是否存在凹坑；

③检查是否存在类似小孔、鼓包一类的雷击点；

④检查保护层和蒙皮是否存在擦伤和裂纹。

从内部进行的目视检查包括：

①检查是否存在雷击点；

②检查内表面的清漆是否发生脱落；

③检查所有金属件和密封剂是否完好。

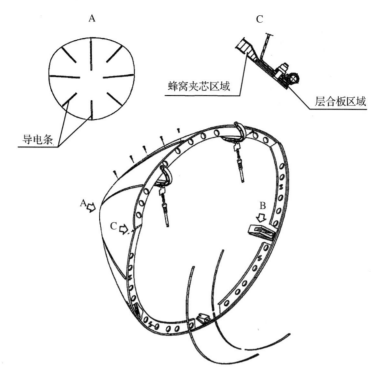

图 8.19　雷达罩

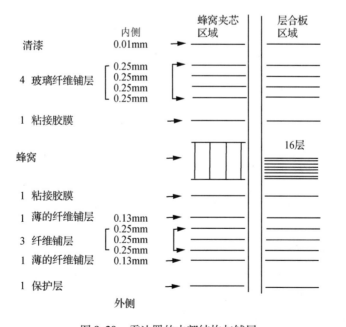

图 8.20　雷达罩的内部结构与铺层

（2）金属敲击检查

金属敲击法常被用于雷达罩的结构检查，看是否存在分层、脱胶。注意，敲击时不能使用过大的力量，否则会造成损伤。检查范围要扩展到可视损伤以外100mm的蒙皮。每个敲击点之间的距离控制在大约10mm。清脆的敲击声代表着完好的结构，钝的敲击声代表着分层和脱胶。用记号笔把损伤区域画出来。

（3）水分的检查、去除

飞机在雨中飞行，迎面会直接受到雨滴的撞击。只要雷达罩存在微小的开裂，飞机在正常爬升、下降时，大气的压力差、湿度差和温度差就会使水分进入内部蜂窝。水分的不利影响有：

①水对雷达波是不透明的，导致雷达罩透波率下降；

②水进入内部蜂窝，会加剧分层和脱胶；

③水分会导致修理中的粘接质量下降。

有效的检查方法是用X光或者湿度仪A8—AF检查。后者便于携带，操作简单，广泛应用于内、外场检查。

结构修理时，推荐把雷达罩放进60℃的烤箱加热12h。确保去除所有水分。

（4）损伤评估

- 如果两个损伤靠得很近时，则把它们视为一个整体的损伤。如图5.3所示，具体要求如下：

①X＜较小损伤的最大直径，需要把两个损伤视为一个整体的损伤；

②较小损伤的最大直径≤X≤300mm，两个损伤独立修理；

③X＞300mm，两个损伤独立修理。

- 两个相邻修理区域的铺层不能靠得太近，修理区域边缘之间的距离必须≥150mm。如果不能满足要求，则把它们视为一个整体的损伤。

## 3. 可允许损伤和临时性修理

当类似磨损、擦伤、分层、脱胶和刺穿一类的损伤与纯层板结构（Monolithic Area）区域之间的距离≥200mm时，如果损伤仅限一个，是可允许的。

（1）磨损、擦伤。如果这类损伤仅限于蒙皮的第一层纤维，可以用树脂将损伤刮平，然后恢复保护层；如果这类损伤扩展到第二层纤维，可以在下次A检之前采取临时性修理，等到A检时进行永久性修理。

（2）分层、脱胶和蜂窝压瘪。如果这类损伤的最大直径≤250mm时，是可允许的。但必须在下次C检时进行永久性修理。

（3）蒙皮刺穿、凹坑。如果这类损伤的最大直径≤50mm时，是可允许的。可以在下次A检之前采取临时性修理，等到A检时进行永久性修理。

（4）临时性修理。临时性修理有恢复保护层、用聚亚安酯保护膜覆盖雷达罩和用自带胶的透明或者灰色保护膜覆盖雷达罩三种方案可供选择。

### 4. 采用预浸料的热压修理

对于小面积的脱层损伤，可以采用注射树脂修理法，参考空客 CMM51-15-11 的 Repairs 部分的永久性修理方案 2；采用湿铺层的冷修理，参考方案 3；损伤与纯层板结构（Monolithic Area）之间的距离 ≤200mm 时，参考方案 6；Monolithic Area 区域的修理，参考方案 7。方案 5 只针对外侧蒙皮的分层、外侧蒙皮与蜂窝的脱胶。方案 4 的应用最为广泛，适用于所有蒙皮、蜂窝的分层和脱胶，对损伤的面积也没有要求，但是必须满足损伤与纯层板结构（Monolithic Area）之间的距离 ≥200mm。

（1）工具、设备

雷达罩是曲面的，最前端处的曲率很大。为了得到完好的外形，修理需要使用全尺寸的模具。使用预浸料的热修理，需要使用热压罐。图 8.21 是全尺寸的空客系列飞机雷达罩模具。模具的作用如图 8.21 所示。

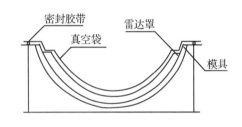

图 8.21　雷达罩的热压成型模具与工作原理

（2）修理步骤

①切割损伤

尽可能用一个圆把损伤包含进去。在去除损伤的时候，不能切割到损伤下面或者周围完好的结构。按照图 8.22 所示，切割内侧蒙皮、蜂窝和外侧蒙皮。

②打磨损伤区域

用 80 号砂纸小心打磨修理区域。各铺层轮廓线满足图 8.22 的要求。

③修理区域的准备

- 用真空吸尘器清除所有的粉尘、碎屑；
- 用无纺布沾少量清洁剂 11-583 清洁修理区域，并把多余的清洁剂抹干；
- 为了去除内部蜂窝的水分，把雷达罩放入 60℃ 的烤箱中，加热 12h；
- 彻底清洁模具，并在模具的表面均匀地喷一层脱模剂；
- 把雷达罩放置到模具中合适的位置。

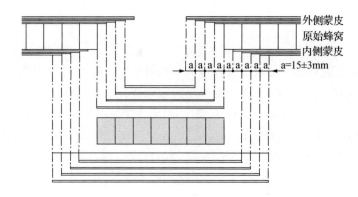

图 8.22　应用雷达罩热压成型模修理
飞机雷达罩蜂窝夹芯结构的示意图

④制作蜂窝芯塞

- 对于雷达罩最前端的位置，因为曲率很大，所以需要先使蜂窝热压成型；
- 按照修理区域切割一块大小合适的蜂窝；
- 把蜂窝放在一个半径为 420mm 的半球状小模具里，在模具上抽真空，保持真空压力 0.10bar；
- 放入烤箱加热至 170℃，升温速率控制在 3℃/min；
- 保持温度 2h；
- 降温至 30℃，拆除真空袋，降温速率控制在 3℃/min。

⑤铺放外侧蒙皮铺层，安装蜂窝芯塞

- 按照图 8.22 所示，铺放外侧蒙皮铺层，安装蜂窝芯塞；
- 在蜂窝芯塞上铺放泄流层和吸胶布；
- 在模具上铺放真空袋，保持压力 0.75bar；
- 保持压力 2h，让外蒙皮铺层和蜂窝芯塞成型；
- 拆除所有工具、设备。

⑥铺放内侧蒙皮铺层

- 按照图 8.22 所示，铺放内侧蒙皮铺层；
- 在最后一层的铺层上铺放泄流层和吸胶布；
- 在模具上铺放真空袋。

⑦固化

使用热压罐的固化必须遵循以下过程：

- 在模具中放置好雷达罩以后，在模具上做真空袋，保持真空压力 0.25bar；
- 5min 以后，热压罐开始增压至 1.2bar，增压速率控制在 0.5bar/min；
- 5min 以后，热压罐开始升温至 80℃，升温速率控制在 3℃/min；
- 热压罐保持 80℃ 的温度 30min；
- 解除模具上的真空压力；

- 热压罐从 80℃升温至 115℃，升温速率控制在 3℃/min；
- 热压罐保持 115℃的温度 2h；
- 热压罐从 115℃降温至 65℃，降温速率控制在 0.5℃/min；
- 热压罐降压至零，降压速率控制在 0.5bar/min；
- 将雷达罩自然冷却至 30℃，介绍整个固化过程。

⑧检查、修整

- 从模具中把雷达罩取出来，放置到架子上；
- 检查修理质量；
- 仔细打磨修理区域的毛边，推荐先用 150 号砂纸打磨，再用 240 号抛光；
- 用真空吸尘器清洁粉尘、碎屑；
- 用清洁剂 11-583 清洁修理区域；
- 在雷达罩的内侧喷涂清漆；
- 安装导电条；
- 喷涂防静电漆；
- 检查雷达罩的电阻。

### 5. 修理之后的各项测量

（1）对各保护层厚度的要求

完好的保护层可以保护雷达罩免受风蚀、雨蚀的影响。防静电漆还起到抗静电的作用。各保护层的厚度直接影响到雷达罩的透波率，所以一定要严格控制保护层的厚度。雷达罩表面保护层的结构如下：

内侧表面，喷涂一层具有密封作用的清漆；

外侧表面，从内到外的喷涂顺序是，底漆、防静电漆、防侵蚀漆和面漆。

对各保护层厚度的要求：

底漆，$20 \sim 30\mu m$；

防静电漆，$30 \sim 50\mu m$；

防侵蚀漆，$80 \sim 100\mu m$。

（2）透波率的测量

①测量区域

气象雷达的窗口覆盖水平方向 ±90°、垂直方向 ±40°的范围。防风切变雷达的窗口覆盖水平方向 ±60°、垂直方向 ±25°的范围。所以，透波率的测量区域一定要覆盖以上两个窗口的范围。如图 8.23 所示。

②对透波率的要求

在测量区域均匀地选择测量点进行测量。根据测量值的平均值和最小值，把透波率分为五个等级，如表 8-6 所示。影响透波率的最大因素是各保护层的厚度。

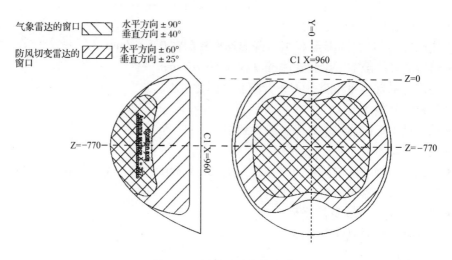

图 8.23　测量透波率的区域

**表 8-6　雷达罩透波率等级及其数值**

| 序号 | 等级 | 透波率平均值（％） | 透波率最小值（％） | 说明 |
|---|---|---|---|---|
| 1 | A | 90 | 85 | |
| 2 | B | 87 | 82 | |
| 3 | C | 84 | 79 | C 级（含）以上合格 |
| 4 | D | 80 | 75 | |
| 5 | E | 70 | 55 | |

（3）电阻的测量

空客系列飞机的雷达罩是先安装导电条，再整体喷涂防静电漆。防静电漆除了要控制厚度以外，还要测量雷达罩表面的电阻。在雷达罩的表面均匀地选择测量点进行测量。两个测量点的距离控制在100mm。防静电漆的电阻在 5 ~ 100 MΩ 之间为合格。

## 8.4.3　在复合材料蜂窝夹芯结构件上安装预埋件

### 1. 概述

飞机的客、货舱大量使用蜂窝夹芯结构件，所以几乎所有的客、货舱改装都会涉及在蜂窝夹芯结构件上安装预埋件。由于蜂窝夹芯结构件的内部是质地软、结构疏松的蜂窝，所以要在蜂窝夹芯结构件上加装紧固件，不能像在金属件上一样直接钻孔、安装紧固件。其原因有两个：第一，蜂窝夹芯结构承受集中载荷的能力很弱；第二，所有蜂窝夹芯结构的开口、切口必须做填充处理，否则水、溶液一旦渗入，会导致进一步的损伤。正确的做法是：在蜂窝夹芯结构件上钻一个导向孔，沿着导向孔用孔锯把孔扩大。清除粉尘、碎屑，清洁后再把预埋件插入孔中。从预埋件上面的两个注射孔，把胶粘剂用皮下注射器注入。通过室温固化胶粘剂，把预埋件粘接到结构件的蜂窝里。通过预埋件，把蜂窝夹芯结构和紧固件联系起来。图 8.24 是一个典型的预埋件结构图。

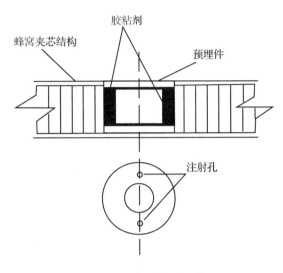

图 8.24　典型的预埋件

### 2. 施工步骤

为了使机组人员能够在驾驶舱内监视到接近驾驶舱附近的人员，中国民用航空局要求从 2008 年起在飞机上加装 CDSS 系统（Cockpit Door Surveillance System）。其中的一项工作是在客舱的一些天花板蜂窝夹芯结构件上安装预埋件，以便用紧固件固定 CDSS 系统摄像头的底座。现以某公司修理实例，介绍一下预埋件的安装步骤，如图 8.25 所示。

（1）对天花板 221WL 上安装预埋件的位置做标记。依据 Detail D 的 Section A-A。

（2）针对预埋件，钻三个直径为 14.3mm 的孔。推荐先钻一个导向孔，再用 14.3mm 的孔锯扩孔。

（3）使用胶粘剂 08-010A 安装预埋件。胶粘剂通过皮下注射器注入。依据 Section A-A。

（4）对天花板 221WL 上安装摄像头孔的位置做标记。依据 Detail D。

（5）对于安装摄像头，钻一个直径 68.0mm 的孔。推荐使用专用的孔锯。

（6）在摄像头孔的周围和蜂窝状板的开口边的上部，如 Section A-A 所示，安装粘合带。但是注意预埋件中间安装紧固件的孔不要被粘合带堵住。

（7）适当调整预埋件的位置。依据 Detail E，用胶粘剂 08-010A 把底座粘接到天花板 221WL 上，最后安装螺母夹。

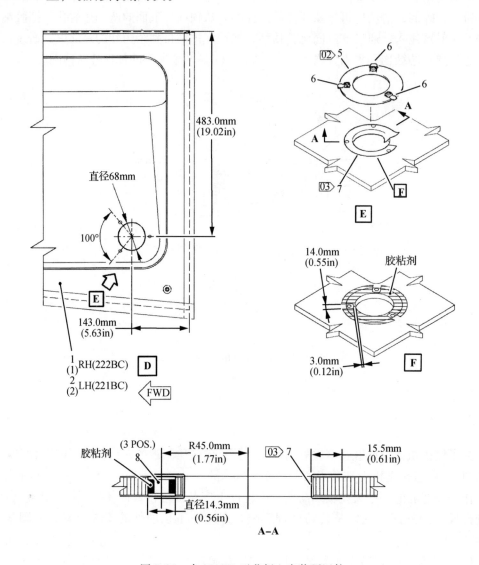

图 8.25    在 221WL 天花板上安装预埋件

**复习思考题**

8.1    蜂窝夹芯结构最显著的优点有哪些，被应用在飞机的哪些部件上？

8.2    蜂窝夹芯结构件的常见损伤有哪几种？

8.3    确定蜂窝夹芯结构件损伤的原则有哪几条？

8.4    蜂窝夹芯结构件损伤的修理是怎样分类的，冷、热修理的区别有哪几点？

8.5    适合蜂窝夹芯结构的无损检测有哪些？

8.6 蜂窝夹芯结构件的修理有哪几样特殊的工具?

8.7 如何去除蜂窝夹芯结构件内部的积水?

8.8 简述对合镶接修理法的铺层顺序。

8.9 注射修理法适用于什么样的损伤?

8.10 一个典型的固化过程是怎样划分的,如果出现问题怎样及时补救?

8.11 蜂窝夹芯结构件修理后的检查有哪些,如何修整?

8.12 货舱地板是以什么为依据来选择具体修理方案的?

8.13 雷达罩需要满足哪些电性能要求,后续的检查有哪些?

8.14 简述热压罐的典型热修理固化过程。

8.15 如何在复合材料结构件上加装预埋件?

8.16 混合物填充修理法适用于什么样的损伤?

8.17 遇到类似雷达罩一类的曲面部件,如何制作曲率较大的蜂窝夹芯塞?

8.18 在填充剂中混合稠密剂需要注意什么?

8.19 如何去除损伤的蜂窝?

8.20 合镶接修理法适用于什么样的损伤?

# 第9章　飞机复合材料表面防静电层的修理

## 9.1　飞机复合材料表面防静电层的作用、设置及类型

飞机复合材料结构表面通常都设有火焰喷涂铝涂层（Flame-Sprayed Aluminum Coatings）、镀铝玻璃纤维表面层（Aluminum Coated Glass Fabric）、铝箔（Aluminum Foil）、铝网、铜网、金属导电条等导电体以及涂防静电漆，以防止静电和雷击。

### 9.1.1　飞机复合材料表面防静电层的作用

当高速气流与飞机上的大面积、大尺寸复合材料部件摩擦时，不可避免地会产生静电电荷。电荷一般为正电荷，均匀分布在机身表面。大气层也是一个电磁场，由于电磁场的作用，导致这些电荷会集中到飞机外表的尖端、顶端以及比较薄的边缘区域。如果没有放电刷，电荷积累到一定时，将导致空气或云层水分子之间的击穿放电，也就是我们说的闪电现象，专业称为被"雷击"。静电产生的"雷击"和自然界的雷击对飞机造成的直接损伤，包括金属表面的灼烧、熔化或变色，复合材料表面的灼烧、穿透或分层，以及对电子电器设备、电网或电网终端造成的间接损伤。

### 9.1.2　飞机复合材料表面防静电层的设置

飞机的防静电处理是通过飞机翼面后缘的放电刷释放静电到大气中，从而避免了积聚的静电在飞机表面放电，对飞机造成损伤。放电刷的顶端装了一个很小的金属针，在大气中由于电磁场的作用，带电电荷都集中到放电刷顶端的金属针头上。由于电荷积聚在非常小的针头上，因此在无需非常高的电荷能量积聚的状态下就会导致空气或云层中水分子之间的击穿放电，引起局部小能量的放电。这就是尖端放电的原理。放电刷分别安装在大翼和水平安定面的外侧后缘、垂直尾翼的顶部后缘。放电刷由刷杆和基座组成，基座和翼面金属结构用紧固件和胶粘剂连接。放电刷的位置，如图9.1所示。

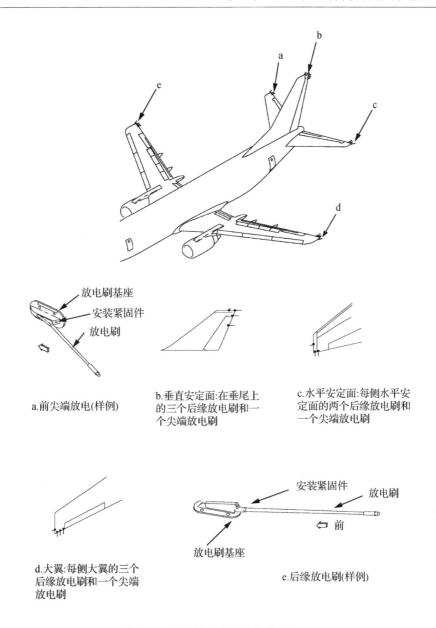

a.前尖端放电(样例)

b.垂直安定面:在垂尾上的三个后缘放电刷和一个尖端放电刷

c.水平安定面:每侧水平安定面的两个后缘放电刷和一个尖端放电刷

d.大翼:每侧大翼的三个后缘放电刷和一个尖端放电刷

e.后缘放电刷(样例)

图 9.1　波音某型飞机放电刷分布

雷达罩也是典型的防静电设计部件。雷达罩必须用复合材料制成,雷达波才能够穿透它。当雷达罩表面的静电积累到一定程度,一方面会导致遭"雷击",另外一方面也会导致雷达波被屏蔽,造成雷达工作不正常或探测不到气象或地形状态。

雷达罩通过涂防静电漆和设置防雷击导电条来导电,静电电流经过紧固件导到机身金属结构上。飞机的外部金属结构是最基本的雷击保护层,在遭到雷击时金属表面犹如屏蔽板一样,允许大电流通过,以防止飞机内部的部件损伤。波音 787 飞机复合材料机身结构的防雷击措施是在复合材料机身制造过程中加入金属网，将雷击电流引走。传统飞机复合材料的外部部件，采用了火焰喷铝、铝箔等特殊工艺，使复合材料表面形成一层导电的金属箔，以减少雷击损伤。

可能出现的雷击损伤区域主要分布在：雷达罩和机身前段、发动机吊舱、机翼翼尖、水平安定面翼尖和升降舵尖部、垂直安定面和方向舵尖部，以及机翼—机身整流罩。因此飞机这些部位都有防静电设计。设计者希望静电能在控制下不间断平稳地导通到放电刷位置并释放掉。解决办法除了在复合材料部件的外表面涂一薄层防静电漆以外，还可以在复合材料中增加金属层，如火焰喷涂铝涂层、铝箔、镀铝玻璃纤维、铝丝网、铜网等方法。图9.2为波音某型飞机喷铝、镀铝表面玻璃纤维和铝箔层的布局。

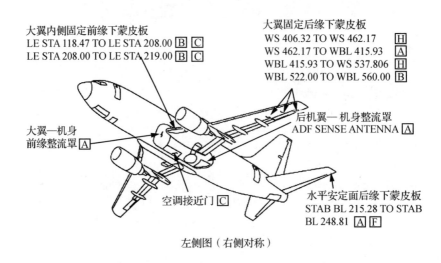

图9.2　波音某型飞机火焰喷铝、镀铝表面玻璃纤维
（BMS8-278）及铝箔（BMS 8-289）的分布

图9.2中的注释如下，A：外表火焰喷涂铝涂层；B：镀铝玻璃纤维（BMS 8-278）；C：铝箔（BMS 8-289）；D：方向舵上方6in（仅有6in）；F：火焰喷涂铝涂层（平尾面板的外侧15in处）。

## 9.2　飞机复合材料表面防静电层的修理

### 9.2.1　火焰喷涂铝涂层的修理

飞机复合材料构件表面如果是玻璃纤维，由于玻璃纤维的导电性差，静电产生后不容易导走，从而需要通过在结构表面热喷涂喷铝层，以增加表面导电性。

氧—乙炔火焰喷涂技术应用最早，工艺设备相对简单。以氧—乙炔火焰为热源，将线材加热至熔融状态，在高速气流作用下，将雾化的铝颗粒喷涂在工件表面，形成涂层。

对于不同基层材料的火焰喷铝表面的允许损伤的规定也不同。火焰喷铝的允许损伤有：表面裂纹的长度小于6.0in，而且裂纹没有从一条边扩展到另外一条边；刻痕、划槽和擦伤没有伤及基层纤维铺层等。对于火焰喷涂铝涂层的可允许划痕、裂纹等，并且损伤没有扩展到基础纤维中的情况，可以采用涂树脂法修理。这种修理方法不能恢复原导电性能。

火焰喷铝涂层的临时性修理是采用铝箔或铝箔粘接带覆盖损伤区域，然后涂导电树脂。修理方法是在打磨并清洁好的修理区域表面铺铝箔粘接带3MY-436；再涂导电涂层；固化后打磨修整并涂化学转化剂。

不属于手册规定的允许损伤范围的较严重损伤要采用永久性修理，修理步骤如述。

### 1. 火焰喷铝涂层损伤去除和修理区域的准备

（1）用保护带隔离损伤区域。

（2）用180粒度或更细的砂纸轻轻地打磨损伤区域，清除松动的火焰喷涂铝涂层。注意不要打磨到基础纤维层。表面有一定的粗糙度更有利于铝颗粒的附着。

（3）在损伤区域以外最少1.0in范围内打磨掉表面的漆层，露出铝表面。

（4）用浸渍清洁溶剂的布擦拭损伤的区域，清除打磨粉尘或其他污物。

### 2. 火焰喷铝涂层修复

对损伤区域喷涂火焰喷涂铝涂料，使涂层厚度达到0.010~0.012in。

采用直径为0.125in的钝铝丝，用氧—乙炔火焰喷枪进行火焰喷涂铝涂层；使熔融的铝液通过喷枪均匀喷涂并沉积于工件表面，形成一种组织结构致密、牢固的喷铝导电层。

### 3. 火焰喷涂铝涂层厚度的确定

用不同的方法可以测量出喷涂层的厚度：

（1）从保护带处的修理区域外侧剥落喷涂层，测量厚度。

（2）测量和记录喷涂前层合板的厚度，再测量和记录喷涂后同一位置的厚度。这样就可以计算出火焰喷涂铝涂层的厚度。

（3）对于不易测量厚度的部位，可以采用试片固定在修理区附近，喷涂后通过测量试片的厚度变化来确定喷涂的效果。

### 4. 树脂固化

（1）彻底混合树脂的两种组分，制成混合树脂。

（2）在整个火焰喷涂铝涂层上均匀地涂混合树脂。

（3）固化树脂。可使用加温灯加热。

5. 固化后清洁并打磨修理区域

（1）使用 240 号砂纸打磨喷涂区，以便形成一个光滑且与周围区域齐平的表面。
（2）用浸渍 MEK、MIBK、三氯乙烷或丙酮的布擦拭修理区。
（3）对修理区域内所有裸露的火焰喷涂铝涂层涂化学转化层。
（4）按规定修饰修理区域。

## 9.2.2　铝箔层（BMS 8-289）的永久性修理

　　铝箔层主要是铺在复合材料内表面，如空调舱门的内表面、发动机进气道内表面、发动机吊架结构蒙皮的内表面等。
　　铝箔是一层薄铝，可以购买到成品。它的正面是铝层，反面是粘接面，经过处理呈黑色，铝箔层覆盖在复合材料层板的表面，修理时用树脂把修理铝箔嵌入粘接到原铝箔层中，并在上面覆盖一环型搭接层，以提供修理层与原铝箔层的导通。铝箔修理铺层，如图 9.3 所示。

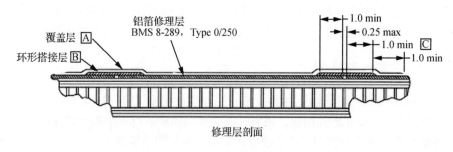

图 9.3　铝箔修理铺层

　　当发现铝箔层损伤时，首先要确定损伤的程度。如果损伤扩展到基础层，应先对基础层进行修理。参考图 9.4 铝箔修理铺层，对损伤的铝箔层按如下步骤进行永久性修理。

1. 损伤区的确定和去除

（1）用保护带隔离修理区域。
（2）通过剥离或打磨，清除损伤的铝箔层。注意不要损伤底层的玻璃纤维。
（3）打磨距损伤区域至少 3.0in 范围内铝箔层上的底漆，清洁表面。
（4）打磨并用溶剂清洁裸露的复合材料表面。不要损伤基础玻璃纤维。

2. 制作并修理铝箔片

（1）剪下一块与修理区域形状和大小相同的 BMS 8-289 铝箔片。

（2）在裸露玻璃纤维区域的表面上涂 BMS 8-301 Class 1（EA9390A/B）或 BMS 5-128（EA956 A/B）或 BMS 8-301 Class 3（EA9396A/B）。

（3）铺放 BMS 8-289 铝箔片，让它的粘接面向下，边缘与原铝箔层对接（不能重叠，最大间隙为 0.25in）。

（4）用 BMS 8-289 铝箔，制作环形搭接环，搭接环的中心线尺寸正好是去除损伤的边界线，搭接环宽至少 2in。对搭接环的正面——铝箔面涂 Alodine，并沿中线每隔 2.0in，打 0.5in 直径的孔。

（5）在所有与搭接环和覆盖层接触的铝箔表面上涂一层化学转化层。

（6）把搭接环铺放在铝箔表面上（粘合面向上），使它和修理铝箔及原铝箔线都至少有 1.0in 的重叠量。搭接环的外侧距构件边界至少要 1.0in。如果需要的话，为固定搭接环，在非粘合面上每隔 4.0in 涂直径 0.25in 的 BMS 8-301 Class 1（EA9390A/B）或 BMS 5-128（EA956 A/B）或 BMS 8-301 Class 3（EA9396A/B）。但不要过量使用树脂。

（7）把浸渍过 BMS 8-301 Class 1（EA9390A/B）或 BMS 5-128（EA956 A/B）或 BMS 8-301 Class 3（EA9396A/B）的 BMS 9-3 D 型玻璃纤维覆盖层铺放在修理区域上。所有边都要超出搭接环边缘至少 1.0in。

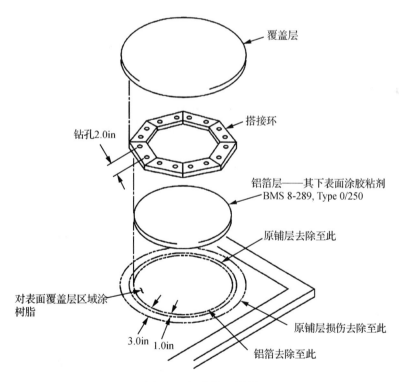

图 9.4　铝箔修理铺层

### 3. 封装和固化

在修理区上铺放分离膜、透气布、加热毯和真空袋，实施封装工序。完成封装后按规定实施固化。BMS 8-301 Class 1（EA9390A/B）或 BMS 5-128（EA956 A/B）或 BMS 8-301 Class 3（EA9396A/B），在70～100 ℉温度下最少固化24h，才能达到充分固化；在70～100 ℉温度下，充分固化需要5d 时间；而在180 ℉±10 ℉温度下加速固化，则只需要 1h。

## 9.2.3 复合材料结构件表面铜网的修理

### 1. 概述

在复合材料结构表面敷设铝网或铜网（Copper Foil）也是飞机表面防静电处理的方法。这种工艺在空客飞机中用的较多。金属网防静电层的附着强度较高，不容易脱落。以下四种情况需要对铜网进行修理：

- 铜网上面的保护层被破损，铜网下面的复合材料蒙皮没有受损。为了防止铜网的腐蚀、破损，要及时修理破损的铜网；
- 外来物的影响直接导致铜网破裂、不完整；
- 雷击、大量静电积聚烧蚀铜网；
- 对受损的复合材料蒙皮、蜂窝进行修理时，铜网被切割、破坏。完成修理包括恢复铜网的完整性。

飞机结构修理手册对铜网修理的损伤面积有要求。在允许范围内的损伤，不需要修理铜网，只需及时恢复表面的保护层。具体情况要查阅相关机型的结构修理手册来确定。

为了获得较高的修理质量，可以在完成对蒙皮、蜂窝的修理之后，再修理铜网。

### 2. 常用铜网的件号、型号

飞机复合材料结构表面常用铜网的件号与型号，见表9-1。

表9-1　常用铜网的件号与型号

| 件号 | 型号 |
|------|------|
| 3CU7-125AN | 铜网，0.29LB/FT2-Type Ⅱ，Class 1 |
| CU029CXMC36 | 铜网，0.29LB/FT2-Type Ⅳ，Class 1 |
| CU-029 | 铜网，0.29LB/FT2-Type Ⅱ，Class 1 |
| 3CU7-100AN | 铜网，0.40LB/FT2-Type Ⅱ，Class 5 |
| CU-040CXMC36 | 铜网，0.40LB/FT2-Type Ⅳ，Class 5 |
| CU-040 | 铜网，0.40LB/FT2-Type Ⅱ，Class 5 |

**3. 铜网修理的准备工作**

（1）如果条件允许，结构件最好从机体上拆卸下来修理。

（2）选择合适的检测方法，确定损伤区域。损伤区域以外有个搭接区域。损伤区域和搭接区域的轮廓线之间的距离控制在 1.0in，如图 9.5 所示。

（3）去除损伤区域中的铜网。

（4）用 180～220 号的砂纸小心打磨搭接区域，使之暴露出完好的铜网。

（5）用无纺布沾少量酒精清洁，直到另一块白色的无纺布再也擦不到污物。

（6）铜网较薄，通常采用 180～220 号砂纸打磨。在打磨时要小心，注意不能打磨过度，不能光靠肉眼来确定搭接区域的铜网是否完全暴露。使用毫欧表测量搭接区域的电阻。两个测量点 A、B 之间的距离要求 ≥1.0in。如果电阻 ≤20mΩ，表明搭接区域的铜网已经完全暴露；如果电阻 >20mΩ，则表明铜网没有完全暴露。继续打磨，直到 A、B 之间的电阻符合要求。在搭接区域多次选择测量点进行测量。

（7）用百洁布手工打磨搭接区域以外 1.0in 的区域，形成完整的修理区域。

（8）用无纺布沾少量酒精清洁，直到另一块白色的无纺布再也擦不到污物。

（9）用一块干净的真空袋薄膜覆盖修理区域，防止被污染。

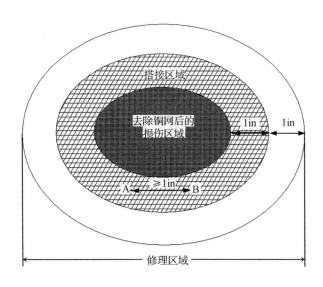

图 9.5　铜网的修理

**4. 粘接**

（1）根据相关机型的结构修理手册，选择具体型号的铜网。

（2）按照比修理区域稍小一点的尺寸、形状，剪一块铜网。用无纺布沾少量酒精轻轻清洁铜网，不能使铜网被拉扯、变形。对于面积很大或者弯曲的修理区域，可以用几块铜网搭接修理，但是铜网之间的搭接宽度必须等于1.0in。

（3）准备胶粘剂，最常用的是EA9396。

（4）掀掉覆盖的真空袋薄膜，在修理区域均匀地涂抹一层薄薄的胶粘剂。

（5）把铜网放到修理区域的合适位置，并在上面均匀地涂抹一层薄薄的胶粘剂。

（6）剪一块比修理区域稍大一点的有孔分离膜，覆盖在上面。

（7）剪一块比有孔分离膜稍大一点的吸胶布，覆盖在有孔分离膜上。

（8）铺放真空袋、抽真空装置和加热装置。

（9）按照EA9396的性能、参数，固化胶粘剂。

（10）完成固化后，拆除所有工具、设备。用180～220号的砂纸小心打磨整个区域，去除多余的、溢出的胶粘剂。继续小心打磨，确保搭接区域以外的铜网也被去除。

（11）用无纺布沾少量酒精清洁，直至另一块白色的无纺布再也擦不到污物。

### 5. 铜网的电阻测量

通过测量修理好的铜网的电阻，可以掌握修理的质量。如果测量电阻较大，说明铜网修理层和结构的原修理层导电差，修理不成功。

（1）用180～220号的砂纸小心打磨修理区域的中心位置C，暴露出部分铜网；

（2）用无纺布沾少量酒精清洁，直到另一块白色的无纺布再也擦不到污物；

（3）用毫欧表测量修理区域中心位置C到相邻区域某点D夹层中的铜网之间的电阻。可以在测量之前打磨相邻区域某点D，使夹层中的铜网完全暴露，再进行测量。对于D点的选择，要求尽可能地靠近修理区域的外轮廓。如图9.6所示。

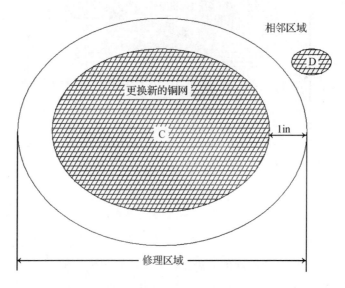

图9.6　铜网电阻测量的要求

（4）如果 C、D 两个测量点之间的电阻≤40mΩ，表明修理质量合格。如果电阻 >40mΩ，需要重新进行修理。

（5）完成测量以后，对于两个测量点 C、D 暴露的铜网，可以在上面均匀地涂抹一层薄薄的胶粘剂 EA9396。

（6）按照 EA9396 的性能、参数，固化胶粘剂。

（7）对于合格的修理，恢复结构件表面的保护层。

**复习思考题**

9.1　飞机表面为何会出现静电？静电对飞机有哪些不好的影响？

9.2　飞机上的防静电措施有哪些？你所知道的地面常用的防静电措施有哪些？

9.3　采用哪种设计可以把飞机上的静电导走并释放掉？

9.4　请用自己的语言描述火焰喷铝修理方法。

9.5　如何确定修理后的火焰喷铝层的厚度是符合要求的？

9.6　哪些类型的铜网损伤要修理？

9.7　铜网修理的步骤是什么？

9.8　修理后如何判断修理是否合乎规范？

9.9　打磨铜网时，如何判断铜网已经暴露？

9.10　铜网破损区域较大，如何进行修理？

# 第 10 章　金属粘接修理

## 10.1　金属粘接修理概述

　　飞机结构中金属材料的结构粘接始于 20 世纪中叶，已有近 60 年的历史，它多用于平时飞行频繁的民用飞机上。金属粘接结构包含金属—金属的组合，也包含金属蒙皮—金属蜂窝芯的组合。飞机和发动机上用于结构粘接的金属材料主要是铝合金、不锈钢和钛合金，其中使用最多的是铝合金。本章主要依据波音飞机结构修理手册（SRM），并结合实际工作经验，介绍飞机结构中涉及最多的铝合金—铝合金或铝蒙皮—铝蜂窝芯的粘接。

### 10.1.1　金属粘接结构在飞机上的应用

#### 1. 金属粘接结构简介

　　用于飞机上的铝合金粘接结构通常有两种基本类型：铝合金—铝合金粘接结构和铝蒙皮—铝蜂窝芯粘接结构。如图 10.1 和图 10.2 所示。这两种形式的金属粘接结构均可用于飞机结构件和非结构件上。

典型铝合金粘接加强板

图 10.1　铝合金—铝合金粘接结构

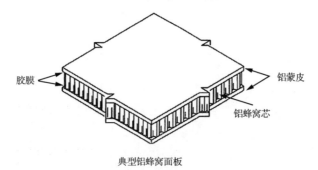

典型铝蜂窝面板

图 10.2　铝合金—铝蜂窝芯粘接结构

## 2. 金属粘接结构在飞机上的应用举例

（1）波音 777 飞机上金属粘接结构的应用部位，如图 10.3A、10.3B 和图 10.4A、10.4B 所示。

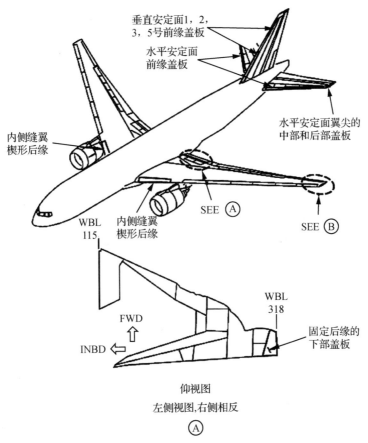

图 10.3A　波音 777 飞机 250 ℉固化粘接铝蒙皮—铝蜂窝夹芯面板的应用部位

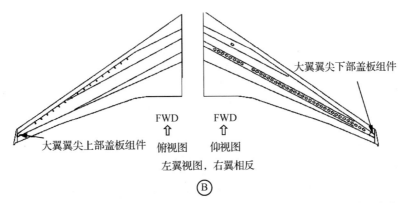

图 10.3B　波音 777 飞机 250 ℉固化粘接铝蒙皮—铝蜂窝夹芯面板的应用部位

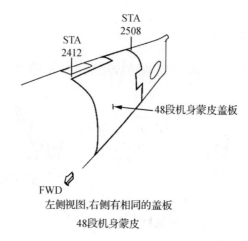

图 10.4A　波音 777 飞机 350 ℉ 固化粘接铝蒙皮—铝蜂窝夹芯面板的应用部位

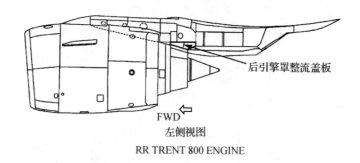

图 10.4B　波音 777 飞机 350 ℉ 固化粘接铝蒙皮—铝蜂窝夹芯面板的应用部位

（2）波音 737 飞机上金属粘接结构的应用部位，如图 10.5 和图 10.6 所示。

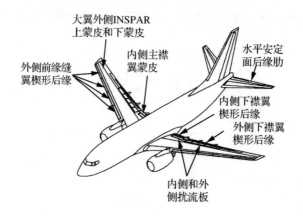

图 10.5　波音 737 飞机 250 ℉ 固化粘接铝蒙皮—铝蜂窝夹芯面板的应用部位

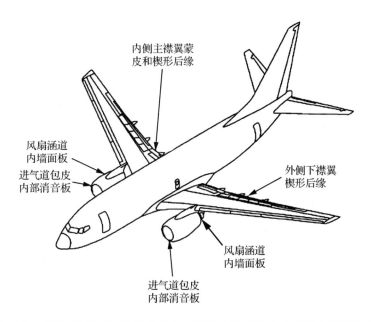

图 10.6　波音 737 飞机 350 ℉ 固化粘接铝蒙皮/铝蜂窝夹芯面板的应用部位

（3）空客飞机上金属粘接结构的应用部位概述

空客飞机上也广泛应用金属粘接结构，如前缘缝翼的楔形后缘结构、内襟翼的楔形后缘结构、发动机反推包皮消音结构等部位。

## 10.1.2　金属粘接结构件的常见损伤类型

金属粘接结构件的常见损伤类型有：

（1）外部损伤有凹坑，划伤、擦伤和裂纹，穿孔。

（2）脱胶包括蒙皮和蜂窝芯之间的脱胶以及蒙皮和蒙皮之间的脱胶。

（3）内部孔隙。

（4）蜂窝芯塌陷。

（5）蜂窝芯进水。

（6）蒙皮或蜂窝芯腐蚀。

## 10.1.3　金属粘接修理的基本要求

要得到一个满意的金属粘接修理，重要的是做好以下几点：

（1）做好修理计划。

（2）使用批准的材料。

（3）使用批准的工艺。

（4）提供符合要求的修理环境及工具设备。

（5）施工人员技术熟练。

## 10.2  金属粘接修理常用材料的种类、牌号及特点说明

### 10.2.1  金属粘接修理用到的主要修理材料

**1. 金属粘接修理用到的结构胶、填充胶和胶膜**

金属粘接修理用到的结构胶、填充胶和胶膜及其用途，如表10-1所示。

表 10-1  金属粘接修理常用的结构胶、填充胶和胶膜

| 英文名称 | 中文名称 | 件号 | 工作寿命 | 最少固化时间 | 固化温度 | 用途说明 |
|---|---|---|---|---|---|---|
| Paste Adhesive | 糊状胶 | BMS 5-92，Type I or V | 表10-2 | 见图10.7和10.8 | 见图10.7和10.8 | 蜂窝芯和蒙皮的粘接 |
| Paste Adhesive | 糊状胶 | BMS 5-141 | 60min | 查相应的手册 | 查相应的手册 | 蜂窝芯和蒙皮的粘接 |
| Liquid Pour Coat Adhesive | 液态灌充涂层胶 | BMS 5-101，Type III | 不适用 | 90min | 225～260℉ | 蜂窝芯修理 |
| Potting Compound | 填充胶 | BMS 5-28，Type 6 or 7 | 60min | 90min | 250～270℉ | 蜂窝芯修理 |
| | | | | 80min | 290～310℉ | |
| | | | | 60min | 340～360℉ | |
| Foaming Film Adhesive | 泡沫胶膜 | BMS 5-90，Type III，Class 1，Grade 50 or 100 | 不适用 | 90min | 225～260℉ | 蜂窝芯修理 |
| | | | | 80min | 280～310℉ | |
| | | | | 60min | 325～350℉ | |
| Film Adhesive | 胶膜 | BMS 5-101，Type II | 不适用 | 90min | 225～260℉ | 蜂窝芯和蒙皮的粘接 |
| Film Adhesive | 胶膜 | BMS 5-137，Type II Class 1（EA9657） | 不适用 | 5h | 300～320℉ | 蜂窝芯和蒙皮的粘接 |
| Film Adhesive | 胶膜 | BMS 5-137，Type II Class 1（所有产品） | 不适用 | 90min | 340～360℉ | 蜂窝芯和蒙皮的粘接 |

注：BMS = Boeing Material Specification 波音材料规范。

典型的 BMS 5-92 两组分糊状胶的混合数据如表 10-2 所示。BMS 5-92，Type V，Class 2 和 BMS 5-92，Type I 两组分糊状胶的固化时间与温度的关系，如图 10.7 和图 10.8 所示。其他型号的胶、胶膜的数据与固化时间，可查结构修理手册获得。

表 10-2　BMS 5-92 两组分糊状胶的混合数据

| Class | 80℉下工作寿命 | Part A（基体）重量比 | | Part B（固化剂）重量比 |
|---|---|---|---|---|
| | | Type I | Type V | Type I 和 Type V |
| 1 | 最大 20min | 140 | 49 | 100 |
| 2 | 最大 60min | 140 | 49 | 100 |
| 3 | 最大 90min | 140 | — | 100 |
| 4 | 最大 120min | 140 | — | 100 |

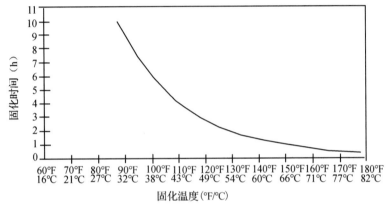

注: 在压力状态下固化参数说明为,
①BMS 5-92，Type V，Class 1：70～100℉至少3h，或者120～130℉至少2h；
②BMS 5-92，Type V，Class 2：70～100℉至少7h。

图 10.7　BMS 5-92，Type V，Class 2 两组分糊状胶的固化时间

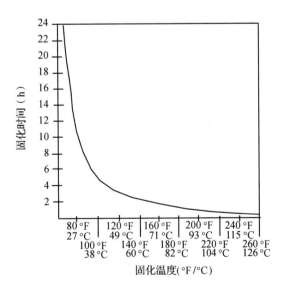

图 10.8　BMS 5-92 ，Type I 两组分糊状胶的固化时间

### 2. 金属粘接修理用到的粘接底漆

金属粘接修理经常用到的粘接底漆，如表10-3所示。

表10-3　金属粘接常用的粘接底漆

| 英文名称 | 中文名称 | 件号 | 固化温度范围 | 固化时间 |
|---|---|---|---|---|
| Adhesive Primer | 粘接底漆 | BMS 5-89, Type I or Type II | 240±20℉ | 30~120min |
| Adhesive Primer | 粘接底漆 | BMS 5-89, Type III | 250±20℉ | 30~120min |
| Adhesive Primer | 粘接底漆 | BMS 5-137, Type I, Class 2 | 285±15℉ | 60~120min |
| Adhesive Primer | 粘接底漆 | BMS 5-137, Type I, Class 3 | 260±10℉ | 60~120min |
| Adhesive Primer | 粘接底漆 | BMS 5-137, Type I, Class 4 | 315±10℉ | 60~120min |
| Adhesive Primer | 粘接底漆 | BAC5710, Type 60 | 70~90℉ | 60~90min |

### 3. 金属粘接修理用到的铝合金和铝蜂窝芯

金属粘接修理经常用到的铝合金和铝蜂窝芯，如表10-4所示。

表10-4　金属粘接修理用到的铝合金和铝蜂窝芯举例

| 材料英文名称 | 材料中文名称 | 常用件号 | 说明 |
|---|---|---|---|
| Aluminum Plate | 铝板 | 2024-T3, 0.016, 0.020, 0.032 or 0.040 等 | 根据部件损伤情况确定选用相应件号 |
| Aluminum Plate | 铝板 | 2024-T81, 0.016, 0.020, 0.032 or 0.040 等 | 根据部件损伤情况确定选用相应件号 |
| Aluminum Honeycomb | 铝蜂窝芯 | BMS 4-4, Type 3-10N, 3-10NPA, 3-10ND, or 3-10P 等 | 根据部件损伤情况确定选用相应件号 |
| Aluminum Honeycomb | 铝蜂窝芯 | BMS 4-4, Type 3-15N, 3-15NPA, 3-15ND, or 3-15P 等 | 根据部件损伤情况确定选用相应件号 |
| Aluminum Honeycomb | 铝蜂窝芯 | BMS 4-6, Type 3-10N, 3-10NPA, 3-10ND, or 3-10P 等 | 根据部件损伤情况确定选用相应件号 |

### 4. 铝蜂窝芯的相关知识

铝蒙皮—铝蜂窝夹芯结构中常用蜂窝芯的构型有六角蜂窝芯（符合 BMS 4-4 规范）和柔性蜂窝芯（符合 BMS 4-6 规范）。其中 BMS 4-6 的柔韧性很好，适合在曲度较大的部位使用。BMS 4-4 和 BMS 4-6 都是用 H-38 或 H-39 状态的 5052 铝合金箔制造的。

（1）铝蜂窝芯各组成部分的名称

铝蜂窝芯各组成部分的名称，如图10.9所示。

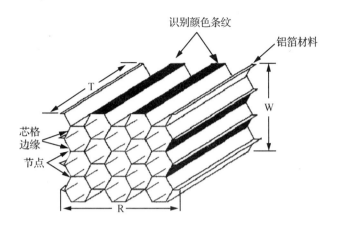

注:
R=Ribbon Direction Dimension 芯条方向尺寸;
W=Transverse Dimension 横向尺寸;
T=Thickness Dimension 厚度尺寸。

图 10.9 六角铝蜂窝芯的构型

（2）BMS 4-4 材料代码说明

符合 BMS 4-4 规范的蜂窝芯是六角蜂窝芯，各代码的说明如下:

- Types：表示芯格尺寸和铝箔厚度，其中芯格尺寸以 1/16in 为单位，铝箔厚度以 1/10000in 为单位。
- Classes 字母的意义：N 表示无孔蜂窝芯，P 表示有孔蜂窝芯，ND 表示无孔、高粘接力、耐用性好的蜂窝芯，NPA 表示无孔、磷酸阳极化蜂窝芯。
- Grades：表示芯格的形状，其中 I 表示六角形的芯格，II 表示交叉六角形的芯格。如果没有特别指出，一般指 Grade I。
- Forms：表示工艺处理的程度，如 Form "A" 表示在粘接前需要脱脂处理，Form "B" 表示已清洁，可以用来粘接的蜂窝芯等。
- Core Density（蜂窝芯密度）：以 P/in$^3$ 为单位，通常用条形颜色代码来表示，如表 10-5 所示。

举例：BMS 4-4, Type 3-15NPA, Form B 表示芯格尺寸为 3/16in，铝箔厚度为3/2000in，无孔、磷酸阳极化，为已清洁过的六角铝蜂窝芯。

表 10-5　BMS 4-4 蜂窝芯的密度条形颜色代码

| 标称密度 | 颜色代码 |
|---|---|
| 1.6 ~ 1.6 | Brown（褐色） |
| 2.0 ~ 2.3 | Orange（橙色） |
| 3.0 ~ 3.7 | Blue（蓝色） |

续表

| 标称密度 | 颜色代码 |
|---|---|
| 4.2～4.5 | Red（红色） |
| 5.2～5.7 | Yellow（黄色） |
| 6.0～6.9 | Purple（紫色） |
| 7.9～8.1 | Green（绿色） |
| 12.0～12.0 | Brown and Purple（褐色和紫色） |

（3）BMS 4-6 材料代码说明

符合 BMS 4-6 规范的蜂窝芯是柔性蜂窝芯，其相关代码与 BMS 4-4 类似，不同之处说明如下。

- Classes 字母的意义：Class 1 用于消音结构，Class 2 用于通用目的，Class 3 用于消音结构的磷酸阳极化芯，Class 4 用于通用目的的磷酸阳极化蜂窝芯。
- Core Density（蜂窝芯密度）：以 P/in³ 为单位，通常用条形颜色代码来表示，如表 10-6 所示。

举例：BMS 4-6，Type 3-10P，Class 1 表示芯格尺寸为 3/16in，铝箔厚度为 1/1000in，有孔、未磷酸阳极化，为用于消音结构的柔性铝蜂窝芯。

表 10-6　BMS 4-6 蜂窝芯的密度条形颜色代码

| 标称密度 | 颜色代码 |
|---|---|
| 3.1 | Blue（蓝色） |
| 4.1 | Red（红色） |
| 5.7 | Purple（紫色） |

（4）定位布（Positioning Fabric）

定位布的主要作用是排泄处于融化状态下胶膜内的空气，它的件号是 BMS 5-121（波音飞机）。

## 5. 金属粘结修理常见的铝合金件号应用举例

铝合金常见件号的应用，举例如图 10.10 和表 10-7 所示。

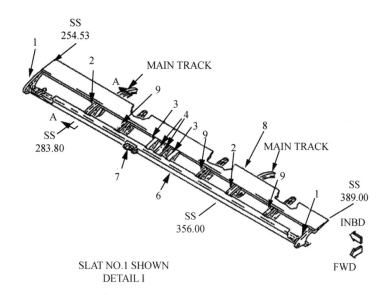

SLAT NO.1 SHOWN
DETAIL I

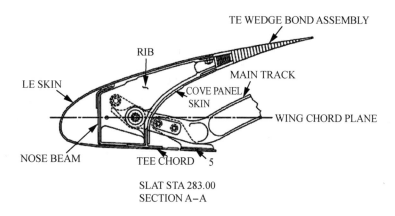

SLAT STA 283.00
SECTION A–A

图 10.10　铝合金常见件号的应用

表 10-7　图 10.10 中构件的材料表

| Item | Description | Gage | Material |
|------|-------------|------|----------|
| 1 | RIB-END | | FORGING 7050-T736 |
| 2 | RIB-MAINTRACK | | FORGING 7050-T736<br>FORGING 7050-T74 |
| 3 | RIB ASSY-ACTUATOR STOP<br>RIB<br>RIB<br>STOP | | FORGING 7050-T736<br>FORGING 7050-T74<br>15-5 PH STL |

续表

| Item | Description | Gage | Material |
|------|-------------|------|----------|
| 4 | RIB ASSY-ACTUATOR NO. 2<br>RIB | | FORGING 7050-T736（OPTIONAL：FORGING 7075-T73）<br>FORGING 7050-T736 |
| 5 | CLIP-TAB SUPPORT | | BAC1505-101208 2024-T3511 |
| 6 | NOSE BEAM ASSY<br>BEAM<br>BEAM SUPPORT<br>DOUBLER<br>COVERPLATE | <br>0.080<br>0.063<br>0.080<br>0.063 | <br>7075-T6<br>7075-T6<br>7075-T6<br>7075-T6 |
| 7 | SUPPORT ASSY-TAI SPRAY TUBE<br>COLLAR<br>SUPPPORT<br>ANGLE<br>CLIP | <br>0.035<br>0.032<br>0.032<br>0.040 | <br>321 OR 347 CRES TUBING<br>321 OR 347 CRES SHT<br>321 OR 347 CRES SHT<br>321 OR 347 CRES SHT |
| 8 | TE WEDGE BOND ASSY<br>CHORD-UPR, LWR<br>CHORD-UPR, LWR<br>SKIN-URP<br>SKIN-LWR<br>DOUBLER<br>DOUBLER<br>TE WEDGE FILLER<br>DENSE CORE<br>FLEX CORE | <br>0.125<br>0.100<br>0.020<br>0.020<br>0.020<br>0.032 | <br>7075-T6<br>7075-T6<br>5052-H38（OPTIONAL：2024-T3）<br>2024-T3<br>7075-T6<br>7075-T6<br>PREPREG ARAMID FABRIC PER BMS 8-219, STYLE 285 A B<br>5052 METALLIC CORE PER MIL-C-7438, GRADE B, CLASS 2 12.0-1/8-30<br>5052 METALLIC CORE PER BMS 4-6, TYPE 4.1-25<br>（OPTIONAL：BMS 4-4, TYPE 3-10N, FORM B OR C） |

## 10.2.2 金属粘接修理用到的其他材料

### 1. 铝合金表面处理材料

铝合金表面处理用到的主要材料，如表10-8所示。

### 2. 金属粘接修理用到的辅助材料

金属粘接修理通常使用真空袋来施加压力，所用到的辅助材料类似于非金属复合材料结构修理，主要包括：有孔分离膜、吸胶材料、无孔分离膜、透气材料、真空袋封严胶条、真空袋材料等。

表 10-8　铝合金表面处理用到的主要材料

| 英文名称 | 中文名称 | 件号 | 说明 |
|---|---|---|---|
| Phosphoric Acid | 磷酸 | 重量百分比浓度 75% ~80%，且符合 Federal Specification A-A-55820 规范 | 用于表面处理 |
| Hydrofluoric Acid | HF 酸 | 通常来源 | 用于表面处理 |
| Alodine | 阿罗丁 | Alodine 1200 or Alodine 1000 | 用于表面处理 |
| Boegel EP-II | 粘接前预处理化合物 | AC-130 or AC-130-2 | 凝胶化学物 |
| Corrosion Resistant Steel Wire Mesh | 不锈钢网 | CRES，300 系列，直径 0.03（0.8）~0.06in（1.5mm） | 用于非槽式磷酸阳极化 |
| Floculated Silica | 絮凝状二氧化硅 | Cab-o-Sil，Grade M-5 | 增稠剂 |
| Blue Litmus Paper | 蓝色石蕊试纸 | 通常来源 | 用于检查酸碱度 |
| Scotch Brite Pads | 百洁布 | 3M Scotch Brite Pads，Type A | 粒度要很细 |
| Distilled Water | 蒸馏水 | 通常来源 | 用于冲洗阳极化处理的表面，配制磷酸溶液 |
| Sandpaper | 砂纸 | Metrit or 3M #180 grit | 使用 Boegel 处理表面前用来打磨铝合金表面 |

注：Boegel EP-II 是一种水基、凝胶状态的、能促进金属粘接的无机聚合物。它是比较新型的对铝合金表面进行粘接前预处理的化合物。

## 10.3　金属粘接修理的工艺流程和主要工序

### 10.3.1　金属粘接修理的工艺流程

金属粘接修理结合了传统的钣金修理和复合材料修理技能，修理人员必须掌握金属切割技能和复合材料粘接技能。金属粘接修理的主要工艺流程如图 10.11 和图 10.12 所示。

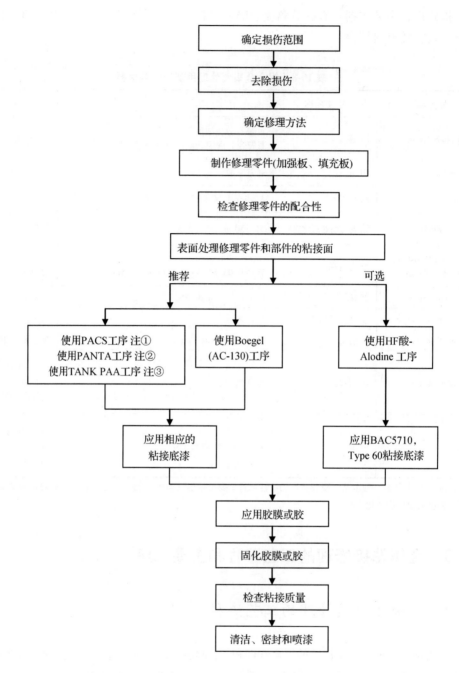

注：
①PACS（Phosphoric Acid Containment System）磷酸阳极化密闭系统；
②PANTA（Phosphoric Acid Non-Tank Anodizing）非槽式磷酸阳极化；
③TANK PAA (Phosphoric Acid Anodizing) 槽式磷酸阳极化。

图10.11　金属—金属粘接修理的工艺流程

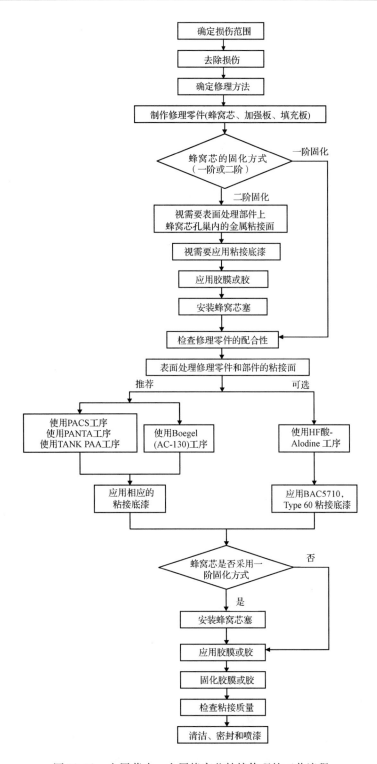

图 10.12　金属蒙皮—金属蜂窝芯粘接修理的工艺流程

## 10.3.2 金属粘接修理的主要工序

### 1. 确定损伤范围

金属粘接结构件的常见损伤有：凹坑、划伤、擦伤、裂纹、穿孔，脱胶，内部孔隙，蜂窝芯压塌，蜂窝芯进水和蒙皮或蜂窝芯腐蚀。确定这些损伤范围的常用方法有：

（1）凹坑、划伤、擦伤、裂纹、穿孔等外部损伤通常可通过目视检查或敲击法来确定。检查时要标记和记录损伤的尺寸和外形。

（2）蒙皮和蜂窝芯或蒙皮和蒙皮之间脱胶通常可以通过敲击法或粘接测试仪来确定。

（3）内部孔隙或蜂窝芯压塌通常可通过传输超声波（Through Transmission Ultrasonic，缩写为 TTU）或 X 射线来确定。

（4）蜂窝芯进水通常可通过 X-射线或红外线照相来检测。

（5）蜂窝芯压塌通常可以目视检查。

（6）蒙皮或蜂窝芯腐蚀通常可通过低频涡流（Low Frequency Eddy Current）或脉冲反射超声波（Pulse Echo Ultrasonic）来检测。

### 2. 去除损伤

通常使用蜂窝切割刀、镂铣头、镂铣机和导向模板等来切割损伤的蒙皮和蜂窝芯，并使用楔形工具分离粘接件，如图 10.13 所示。

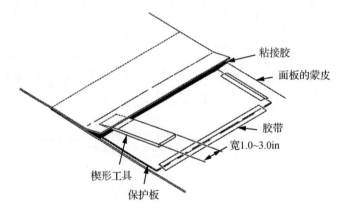

图 10.13 使用楔形工具分离粘接件

（1）对蒙皮和蜂窝芯之间的脱胶，去除损伤时的注意事项：

①标记要去除的区域要比脱胶区域大 0.25in。

②如果损伤区域小于 2.0in 直径，要将损伤区域标记并切割成圆形；如果是较大的脱胶区，则将损伤区域标记并切割成方形或椭圆形，并倒 0.5in 的角。

③切割时刀具进入蜂窝芯的深度不要超过 0.05in。

④切割蒙皮时，切割的深度要比蒙皮的厚度大 0.02in。

（2）对蒙皮和蒙皮之间的脱胶，去除损伤时的注意事项：

①标记要去除的区域要比脱胶区域大 0.25in。

②如果损伤区域小于 2.0in 直径，要将损伤区域标记并切割成圆形；如果是较大的脱胶区，则将损伤区域标记并切割成方形或椭圆形，并倒 0.5in 的角。

③切割蒙皮时，第一次沿标记线切割的深度是脱胶蒙皮厚度的 80% ~ 90%，再沿同样的沟槽切割时仅仅切割进入两层蒙皮中的胶层。

④可以使用干冰辅助从损伤区域中央往边缘来剥离蒙皮。

（3）去除修理区域漆层时的注意事项：

①小面积漆层的去除可使用很细的氧化铝砂纸或思高牌百洁布（Scotch Brite Pad）。

②大面积漆层的去除可采用化学褪漆的方法。

③需要去除漆层的区域包括损伤区域和因表面处理需要扩大的区域。

## 3. 确定修理方法

以波音某型飞机 SRM 为例，可根据表 10-9、表 10-10 和图 10.14 选择一个修理方法。

表 10-9　修理方法一览

| 表面处理方法 | 修理类型 | 糊状胶[①] | 胶膜 | |
|---|---|---|---|---|
| | | | 真空袋固化 | 热压罐固化 |
| | | 最大损伤尺寸 | | |
| HF 酸-Alodine | 临时修理[②] | 2.0in 长或直径 | 2.0in 长或直径 | 2.0in 长或直径 |
| Boegel（AC-130） | 临时修理 | 2.0in 长或直径 | 不适用 | 不适用 |
| | 永久修理 | | 64in² | 200in² |
| 槽式 PAA，PACS，PANTA | 临时修理 | 2.0in 长或直径 | 不适用 | 不适用 |
| | 永久修理 | | 64in² | 200in² |

注：

①BMS 5-92，Type V 和 BMS 5-141 许可用于临时修理和永久修理，BMS 5-92，Type I 只允许用于临时修理；

②临时修理必须每隔 24 个月内或 3500 个飞行循环内检查，以先到的为准。

表 10-10　修理实例

| Repair 1 | 边缘脱胶修理 |
|---|---|
| Repair 2 | 小损伤修理 |
| Repair 3 | 大损伤修理 |

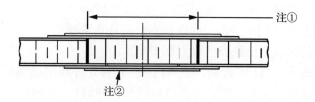

注①

注②

注：
①如果损伤的最长尺寸小于蒙皮最大尺寸的50%，则每面执行一个；
  如下操作的修理：蒙皮和蜂窝芯损伤面积大于200in²。
②如果损伤面积小于或等于200in²，则这一面也能修理。

图 10.14　使用槽式 PAA、PACS、PANTA 表面处理并用
热压罐来固化修理所许可的损伤尺寸

### 4. 去除蜂窝芯中的水分

如果蜂窝芯中有水分，通常使用电热毯和真空袋或烘箱和真空袋来干燥部件。图 10.15 是采用电热毯和真空袋来去除蜂窝芯中的水分。

去除蜂窝芯中水分的注意事项：

①如果已去除部分蜂窝芯，去除水分时要在切口位置放置一块蜂窝芯塞，以防止蜂窝芯被去除位置孔的边缘损伤。

②真空座不要放在电热毯或热电偶线上。

③真空座优先安放在真空袋的两个相对角。

④加热除水的温度为 160 ~ 180 ℉。

⑤在背对真空源的方向制作一个泄漏，以便干燥的空气进入真空袋，但真空度不能低于 11 ~ 15in-Hg。

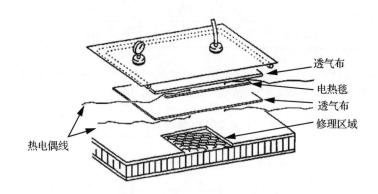

图 10.15　使用真空袋和电热毯来去除蜂窝芯中的水分

## 5. 制作修理零件

（1）制作加强板和填充板

加强板和填充板经常叫做修理补片。

①加强板和填充板材料的选择

- 加强板和填充板的材料要符合修理手册的规定。
- 2000 系列铝合金加强板和填充板的粘接面可以是包铝（Clad）或裸铝（Bare）。
- 7000 系列铝合金加强板和填充板的粘接面必须是裸铝。
- 可以使用事先已阳极化处理并喷好粘接底漆的铝板。

②各机型对加强板和填充板尺寸的特别规定

- 空客飞机通常使用周边尺寸比切口大 2.0in，厚度比原蒙皮厚 0.008in 的加强板。
- 道格拉斯飞机通常使用厚度与原蒙皮相同或更厚的加强板。
- 对波音飞机：当蒙皮厚度等于或小于 0.020in 时使用 1 块加强板；当蒙皮厚度大于 0.020in 时使用两块加强板。

图 10.16 和表 10-11、表 10-12、表 10-13 是 B777-200SRM 手册中采用外补片修理法时对加强板尺寸规定的一个例子。

表 10-11　修理零件的厚度要求　　　　　　（单位：in）

| 原蒙皮的厚度范围 | Part1 和 Part3 加强板的厚度 | Part2 和 Part4 加强板的厚度 |
|---|---|---|
| 0.012 ~ 0.020 | 与原蒙皮相同的厚度 | 不需要 |
| 0.021 ~ 0.025 | 0.025 | 注① |
| 0.026 ~ 0.032 | 0.032 | 注② |
| 0.033 ~ 0.041 | 0.016 | 0.025 |
| 0.042 ~ 0.045 | 0.020 | 0.025 |
| 0.046 ~ 0.050 | 0.025 | 0.025 |
| 0.051 ~ 0.057 | 0.025 | 0.032 |
| 0.058 ~ 0.064 | 0.032 | 0.032 |
| 0.065 ~ 0.072 | 0.032 | 0.040 |
| 0.073 ~ 0.080 | 0.040 | 0.040 |

注：如果原蒙皮厚度在 0.021 ~ 0.032in 之间，并且原蒙皮面是平的，则 Part 2 和 Part 4 加强片不需要。

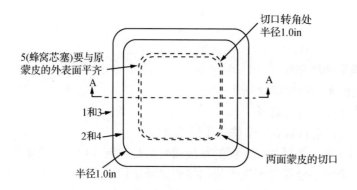

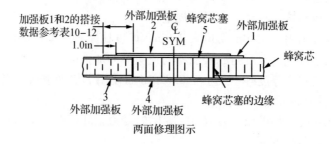

两面修理图示

A–A

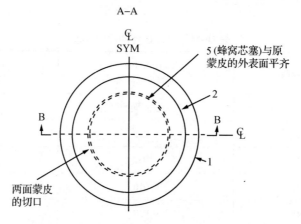

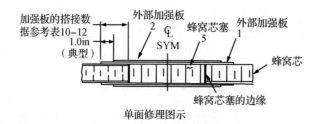

单面修理图示

B-B

注：如果原蒙皮厚度在0.021～0.032in之间，并且原蒙皮面是平的，则Part 2和Part 4加强片不需要。

图10.16　外补片修理法所用修理零件尺寸的规定

表 10-12　加强板的最小搭接尺寸要求　（单位：in）

| 原蒙皮的厚度 | Part1 和 Part3<br>加强板的最小搭接尺寸 |
|---|---|
| 0.00 ~ 0.032 | 1.5 |
| >0.032 | 2.5 |

表 10-13　执行高曲面修理时对修理零件的厚度要求　（单位：in）

| 原蒙皮的厚度 | Part1 和 Part3<br>加强板的厚度 | Part2 和 Part4<br>加强板的厚度 |
|---|---|---|
| 0.021 ~ 0.028 | 0.012 | 0.016 |
| 0.029 ~ 0.032 | 0.012 | 0.020 |

③加强板和填充板的两种典型安装方式

加强板和填充板的两种典型安装方式是平齐安装和外部安装，对应的两种典型修理方法是平齐补片修理法和外补片修理法。外补片修理法举例如图 10.16 所示，平齐补片修理法举例如图 10.17 所示。

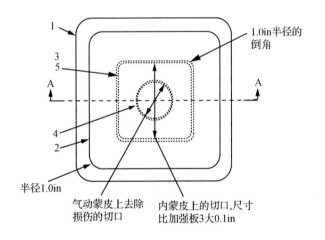

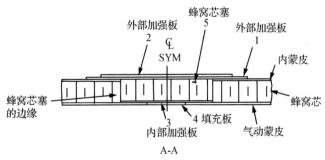

图 10.17　平齐补片修理法

④加强板的配合性检查

加强板切割好后，需要检查它们的配合性，通常有两种检查方法：手指施压法和胶层厚度验证法。当修理加强板的面积大于或等于 64in²，必须使用胶层厚度验证法。

- 手指施压法：将切割好的修理零件放在待安装的位置，应用轻微的手指压力，加强板应当能接触工件或其他加强板的表面并在相互接触的表面之间没有间隙。
- 胶层厚度验证法：切割好一块 0.010in 厚的胶膜，并在胶膜两面放置分离膜，然后将胶膜固定在工件的修理区域，再将修理加强板固定在修理区域。最后按照修理的工艺施加压力和固化胶膜，然后测量胶膜的厚度并检查是否有大于 0.1in 直径的空隙。

（2）制作蜂窝芯塞

①蜂窝芯塞材料的选择

- 蜂窝芯材料要符合修理手册上的规定。
- 如果没有特别说明，对 BMS 4-4 蜂窝芯，可以用 Class NPA 代替 Class N 或 Class ND。
- 可以使用相同级别（Grade）或更高密度级别的蜂窝芯来替代原蜂窝芯。

②蜂窝芯塞尺寸的确定

- 制作的蜂窝芯塞要与修理区的孔具有相同的形状和尺寸。
- 蜂窝芯塞与修理区域未损伤的蜂窝芯之间的间隙要小于 0.1in。
- 使用一阶固化方式（One Stage）时，蜂窝芯塞最好比邻近未损伤的原蜂窝芯或邻近的未损伤的蒙皮高 0.005in。

③蜂窝芯塞制作的注意事项

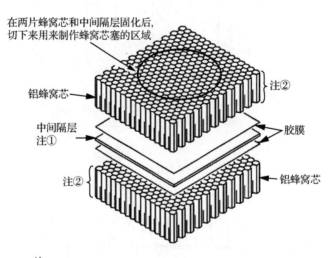

注:
① 中间隔层可以用预固化玻璃纤维层压板或铝合金板制作。
② 每块蜂窝芯的高度是孔的高度的1/3~2/3。

图 10.18　用一片中间隔层连接两片蜂窝芯塞来制作完全高度的蜂窝芯塞

蜂窝芯塞制作时的注意事项：

- 蜂窝芯塞的芯条方向应与修理区域蜂窝芯的芯条方向一致。
- 蜂窝芯塞要按工艺要求清洁，如对蜂窝芯蒸气脱脂或用规定的溶剂冲洗蜂窝芯等。
- 如果需要，可以用一片中间隔层连接两片比完全高度的蜂窝芯要低的蜂窝芯来制作一片完全高度的蜂窝芯塞，如图 10.18 所示。
- 如果需要，可以用一片中间隔层作为连接体来更换部分高度的蜂窝芯塞，如图 10.19 所示。

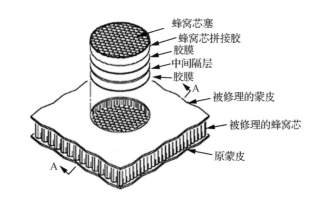

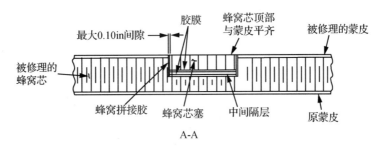

图 10.19　用一片中间隔层来更换部分高度的蜂窝芯塞

## 6. 修理零件和部件粘接面表面处理的准备工作

粘接前对待粘接表面进行的处理是直接影响粘接强度的重要工艺过程。飞机维护的实践经验告诉我们：许多金属粘接修理的效果不理想就因为对被粘接材料的表面没有进行恰当地粘接前处理造成的，所以要对其引起重视。

表面处理修理零件和部件粘接面的准备工作有以下三项：

①去除修理区域的油脂和脏物。

②去除修理区域表面的漆层。

③溶剂清洁。

（1）溶剂清洁的基本步骤

①用真空吸尘机去除所有灰尘。

②将溶剂倒到干净的擦布上，擦布要有湿气但不要湿透。

③用擦布擦拭待处理件的表面。如果擦布脏了则要更换擦布，直到用擦布擦拭表面而擦布仍然干净。

④最后一遍擦拭时，一只手拿一块干擦布，另一只手拿一块带湿气的擦布。用带湿气的擦布擦拭后马上用干擦布擦拭表面。这样可以防止溶剂残留物停留在清洁的表面上。

⑤用塑料膜保护清洁过的表面直到下一道工序开始。

注意：溶剂清洁时应防止任何溶剂残留物停留在清洁的表面上，并使用经批准的溶剂，通常使用的溶剂有丁酮（MEK）、甲基丁基酮（MIBK）、丙酮、甲基丙基酮（MPK）等，如图 10.20 所示。

（2）表面打磨

在用溶剂清洁表面之后，需要打磨表面。通常用湿砂纸而不是干砂纸打磨表面，最后用清洁的擦布蘸蒸馏水去除任何打磨残留物。

（3）用水膜破裂测试法（Water Break Free Test）检查表面的清洁度

将蒸馏水喷洒到准备好的表面以便在表面上形成连续的水膜层，如果连续的水膜层保持30s或更长的时间不断裂，则表面清洁度是满意的。如果水膜分离或形成水珠，则重复表面打磨步骤。如果不在24h内进行表面处理，则需要重新打磨并进行水膜破裂测试。如图 10.21 所示。

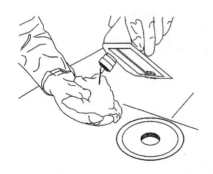 

图 10.20　用溶剂清洁粘接面　　　　图 10.21　用水膜破裂测试法检查表面的清洁度

（4）保护修理区域周围

在进行待粘接修理区域表面的处理之前，需要对修理区域的周围进行保护，以防止酸飞溅或溢到工件上。通常需要执行下列步骤：

①在离加强板边缘 2~3in 位置放置铝箔胶带（Speed Tape）。

②如果蜂窝芯被去除，则将孔洞填平到与表面平齐。

③将铝箔胶带放置在蜂窝芯切口上并搭接表面 0.04~0.80in，确保蜂窝芯切口完全密封。

④确保在修理区的所有的连接点完全密封，酸不能飞溅或溢进去。

## 7. 表面处理待粘接面

金属粘接修理中有 6 种基本的表面处理方法：HF 酸-Alodine、FPL（Forest Products Laboratories）酸洗、Pasal-jell 105 酸洗、铬酸阳极化、Boegel（AC-130）表面处理法和磷酸阳极化。修理过程中选择哪种表面处理方法要根据确定的修理方法决定，参考表 10-9。

（1）HF 酸-Alodine

HF 酸-Alodine 已经在金属粘接修理中使用很多年了，这种方法可以得到较好的粘接表面，但是粘接的耐久度不如 PANTA 和 PACS。HF 酸-Alodine 表面处理工序使用的主要材料是 HF 酸、Alodine 1200 或 Alodine 1000。

HF 酸-Alodine 工序的基本步骤：

①配制 HF 酸和 Alodine 溶液。

②进行 HF 酸蚀刻处理。

③在 HF 酸蚀刻的表面施涂 Alodine 溶液。

④目视检查 Alodine 涂层的效果。

⑤在 24h 内应用粘接底漆。

（2）FPL 酸洗

FPL 酸洗是一种早期的用于金属粘接的表面处理方法。波音和道格拉斯在 20 世纪 60 年代和 20 世纪 70 年代曾经使用这种方法。这种方法需要多个槽才能完成，参考道格拉斯的 SRM 手册可以获得这种工序的详细信息。

（3）Pasa-jell 105 酸洗

Pasa-jell 105 酸洗与 FPL 酸洗类似，使用的主要材料是铬酸和硫酸的凝胶混合物。Pasa-jell 105 酸洗在道格拉斯飞机、空客飞机上采用，也可用于 PANTA 表面处理前对表面进行的脱氧处理中。

Pasa-jell 105 酸洗的基本步骤：

①混合 Pasa-jell 105，使各组分混合均匀。

②应用 Pasa-jell 105 到工件表面，确保表面湿透。停留时间是 15~25min，建议在 17min 时去除。

③在 6~8min 时搅动 Pasa-jell 105。

④在停留时间后用蘸有蒸馏水的擦布擦去表面，不断地更换擦布，直到用蓝色石蕊试纸测试表面不变色。

⑤干燥表面约 30min，最大空气温度是 160 ℉。

⑥在 24h 内应用粘接底漆。

（4）铬酸阳极化（Chromic Acid Anodizing）

铬酸阳极化是一种多槽阳极化法，道格拉斯和空客使用这种方法用于制造金属粘接结构件。在道格拉斯和空客的 SRM 手册中都提到这种方法可用于维修。

（5）Boegel（AC-130）表面处理法

Boegel（AC-130）是波音开发的一种新型的表面处理方法，使用起来比较方面，但采用 Boegel（AC-130）处理金属表面时的维修费用较高，同时对打磨有严格的要求。

（6）磷酸阳极化

磷酸阳极化是表面处理的首选工艺，这种工艺操作较为简单，而且能得到粘接强度、耐久度、耐腐蚀性能的最优组合。磷酸阳极化包括三种方法：槽式磷酸阳极化法（TANK PAA）、非槽式磷酸阳极化（PANTA）和磷酸阳极化密闭系统（PACS）。

对于大面积或整个零件需要磷酸阳极化的修理工作，大部分维修单位采用槽式磷酸阳极化法。磷酸阳极化密闭系统避免了对磷酸的回收处理，所有的酸液都装在瓶子里，并在一个真空袋的密闭系统中从金属的表面流过，执行该工序需要专用的设备，如图 4.65 所示。

下面重点介绍 PANTA 表面处理法。

设备：能提供 10V 以上电压、8A/in² 电流的直流电源。

主要消耗材料：磷酸、去离子水（De-ionized Water）、微球、不锈钢网、脱脂棉布、蓝色石蕊试纸。

施工步骤：

①配制 12% 质量百分比浓度的磷酸，视需要加入微球，使磷酸变成不流动的糊状。

②在待处理表面应用磷酸溶液或糊状磷酸，并用一层纱布盖住酸液。在第一层脱脂棉布上再刷上一层酸液，确保脱脂棉布完全浸透且不含空气。在第一层脱脂棉布上盖上第二层脱脂棉布，然后在第二层脱脂棉布上刷上一层酸液。在第二层脱脂棉布上再盖上第三层脱脂棉布，然后在第三层脱脂棉布上再刷上一层酸液。

③在第三层脱脂棉布上放置不锈钢网，确保不锈钢网不会碰到铝合金表面。

④将电源负极线连接到不锈钢网，然后在不锈钢网上刷上一层酸液。将电源正极线连接到铝合金件。施加电压为 9.5 ~ 10V，电流密度为 0.014 ~ 0.048A/in² 的电源到不锈钢网和铝合金上，保持 10 ~ 12min，如图 10.22 所示。

⑤保持时间结束后，关掉并移除电源。

⑥用塑料薄膜保护工作区。移除不锈钢网和脱脂棉布。

⑦用去离子水清洗表面 5min，该步骤必须在阳极化结束后 2.5min 内开始。

⑧空气干燥 30min，也可在烘箱中以 140 ~ 160 ℉烘干。

⑨磷酸阳极化效果检查。通过磷酸阳极化探测仪或偏光镜观察在荧光或自然光照射下阳极化表面的颜色变化来检查阳极化效果。当把滤镜旋转 90°，如果看到颜色在绿色、紫色或黄色之间变化，则阳极化效果比较理想。如图 10.23 所示。

⑩表面干燥后 24h 内应用粘接底漆。

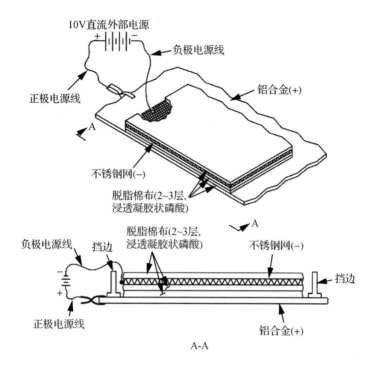

图 10.22　非槽式磷酸阳极化（PANTA）的布局

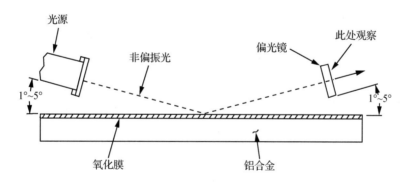

图 10.23　用偏光镜检查磷酸阳极化膜

表面处理的注意事项：

①总是要将酸加入水中，如果将水加入酸中，酸会飞溅并对人造成化学损伤。

②不要使用裸手操作准备好的表面。因为手会传输皮肤上的油脂到表面并引起污染，从而降低粘接的强度和耐久性。

③修理区域和车间保持 50 ~ 100 ℉温度。

④偏光镜检查时，通常使用白炽灯或荧光灯。

### 8. 应用粘接底漆

大部分结构修理手册要求对表面处理后的待粘接面应用粘接底漆，因为应用粘接底漆后能提高粘接处的防腐蚀力，并提高胶或胶膜与金属之间的粘接力，如图 10.24 所示。

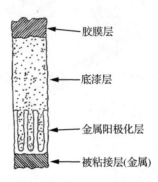

图 10.24　粘接底漆的应用

● 应用粘接底漆时的注意事项：

（1）一般使用容易处置的喷漆装置，这样就不用清洁喷漆枪。

（2）在打开粘接底漆密封包装之前，要先将粘接底漆解冻至室温。

（3）粘接底漆中含有的铬酸很稠而且会很快沉淀，所以将粘接底漆倒出之前要搅拌。

（4）使用 BMS 5-89 粘接底漆时只能用 BMS 5-101 胶膜来进行金属粘接。

（5）使用 BMS 5-137 粘接底漆时只能用 BMS 5-137 胶膜来进行金属粘接。

（6）使用 Boegel（AC-130）处理过的铝合金表面只能用 BMS 5-89，Type II 或 BMS 5-137，Type I，Class 3 粘接底漆。

（7）使用 HF 酸-Alodine 处理过的铝合金表面应在 24h 内应用 BAC5710，Type 60 粘接底漆。

（8）不同牌号的粘接底漆对厚度的要求不同，如 BMS 5-89 粘接底漆烘干后其厚度应为 0.00015 ~ 0.00040in。

### 9. 安装修理补片（加强板、填充板）

在安装修理补片时，应根据构件的具体情况和工艺要求选择使用胶膜、糊状胶、填充胶和定位布。

（1）应用胶膜和定位布

● 应用胶膜和定位布的基本步骤：

①根据最大的加强板和损伤切口的形状及尺寸制作一块透明的塑料模板。

②切割胶膜，胶膜的尺寸比修理零件要大 0.01 ~ 0.1in。

③将修理零件放在胶膜上，使要粘接的面对着胶膜。

④将定位布放在修理区域，定位布的边缘比最大的加强板要大 0.5in。

⑤将修理零件按正确顺序安装到修理区域。

● 应用胶膜的注意事项：

①在打开胶膜密封包装之前，要先将胶膜解冻至室温。

②250 ℉修理只能使用 BMS 5-101，Type II 胶膜。

③310 ℉修理只能使用 BMS 5-137，Type II（EA9657）胶膜。

④350 ℉修理只能使用 BMS 5-137，Type II 胶膜。

⑤施工时要特别注意胶膜的厚度，并根据不同的厚度选择不同的层数。如被粘接的加强板厚度小于或等于 0.020in，不能使用 Grade 15（厚度为 0.015in）的胶膜。

⑥每两块加强板或填充板之间都必须放置胶膜和定位布。

● 应用定位布的注意事项：

①如果两块或两块以上的加强板被使用，则在每两块加强板之间安放定位布。

②对于面积超过 64in² 的外部加强板，如果使用 BMS 5-101，Type II 胶膜和真空袋方法来修理，必须使用定位布。

③如果使用外加强板和 BMS 5-101，Type II 胶膜对穿透损伤的蜂窝面板的两面进行修理，可以只在一面使用定位布。但是每面有两块以上的加强板时，则任何两块外加强板之间必须使用定位布。

④如果使用外加强板和 BMS 5-101，Type II 胶膜对穿透损伤的蜂窝面板的两面进行平齐（对接）修理，则要将定位布放在带外加强板的蜂窝芯的那边。

⑤使用 BMS 5-137，Type II 胶膜来修理时，在暴露的蜂窝芯上面不能使用定位布。

⑥如果没有暴露的蜂窝芯，使用面积超过 64in² 的外加强板、BMS 5-137，Type II 胶膜和真空袋方法来进行修理，则必须使用定位布。

⑦对于面积超过 64in² 的外加强板并且加强板的边缘离暴露的蜂窝芯的边缘超过 3in，如果使用 BMS 5-137，Type II 胶膜和真空袋方法来进行修理，则铝合金与铝合金表面之间必须使用定位布。

⑧定位布的边缘要比对应的加强板的边缘至少大 0.5in。

● 胶膜和定位布应用举例，如图 10.25 所示。

（2）应用糊状胶

应用糊状胶的注意事项：

①胶的重量（g）= 修理区的面积×0.25。

②胶层的厚度均匀分布 0.010in 厚。

③当安放修理补片到胶的上面时，首先将补片的中部或边缘朝下，并逐步将补片按压进入胶中，不要在补片下方裹入空气。

④只有小的修理尺寸才使用糊状胶，一般损伤长度或直径应小于或等于 2.0in。

⑤使用糊状胶时最多有 5min 的时间来安装并配合修理零件，因为 5min 后，在胶的表面将会生成一层薄的、固化好的胶层，该胶层将难以得到一个好的粘接结果。

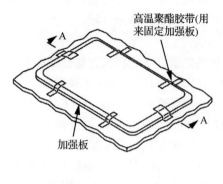

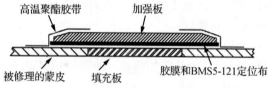

A–A

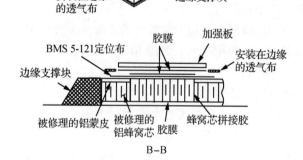

B–B

图 10.25　铝蒙皮与铝蜂窝芯粘接时胶膜和定位布的应用位置

● 应用糊状胶的基本步骤：

应用糊状胶的基本步骤类似于应用胶膜的步骤，不过使用糊状胶来粘接时一般不使用定位布。

（3）应用泡膜胶膜或填充胶

泡膜胶膜或填充胶的应用将结合蜂窝芯塞的安装介绍。

### 10. 安装蜂窝芯塞

（1）准备蜂窝芯的接合面

首先打磨已去除蜂窝芯的孔巢底端的胶层，确保粘接底漆层没有损坏。如果粘接底漆层被损坏，则要根据手册要求修复粘接底漆层。然后，完全清洁原蜂窝芯、蜂窝孔巢的内表面与底端面以及蜂窝芯塞。

如果损伤穿透了上、下蒙皮面板，则在安装蜂窝芯塞前要将内加强板和填充板先放到一面蒙皮面板上，举例如图 10.26 所示。

（2）安装蜂窝芯塞

在将蜂窝芯塞放入蜂窝孔巢之前，应根据具体情况，按照工艺要求使用胶膜、定位布和拼接胶。

当采用泡沫胶膜来粘接蜂窝芯塞时，需要在蜂窝芯塞与蒙皮面板或加强板之间的接合面上铺放胶膜，并且在蜂窝芯塞外圆周表面包裹泡沫胶膜，然后，沿蜂窝芯的芯条方向（Ribbon Direction）将蜂窝芯塞按压进入蜂窝孔巢内。

当采用填充胶来粘接蜂窝芯塞时，需要在蜂窝芯塞与面板或加强板之间的接合面上铺放胶膜，并在蜂窝芯塞外圆周表面和蜂窝孔巢内表面涂抹填充胶，然后，沿蜂窝芯的芯条方向将蜂窝芯塞按压进入蜂窝孔巢内。

当使用糊状胶来粘接蜂窝芯塞时，需要在与蜂窝芯塞将要粘接的面板上涂抹一层糊状胶，并且在蜂窝芯塞外圆周表面和蜂窝孔巢内表面涂抹糊状胶，然后，沿蜂窝芯的芯条方向将蜂窝芯塞按压进入蜂窝孔巢内。

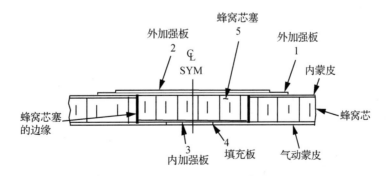

图 10.26　内加强板和填充板的安装

## 11. 封装固化

蜂窝芯的固化方式分为一阶固化（One-stage）和二阶（Two-stage）固化。一阶固化是指蜂窝芯塞与蜂窝孔巢的粘结固化和蜂窝芯塞与加强板的粘结固化在一次封装固化中完成。二阶固化是指蜂窝芯塞与蜂窝孔巢的粘结固化和蜂窝芯塞与加强板的粘结固化分两次固化。

封装固化的工艺前面已有叙述。现强调以下几点：

（1）金属粘接修理时可以选择的加热源有电热毯、烘箱或热压罐。维修工作中经常使用电热毯。电热毯受热粘接控制仪监测和控制。采用电热毯时，要特别注意热电偶线的布局，如图 10.27 所示。

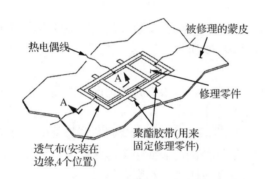

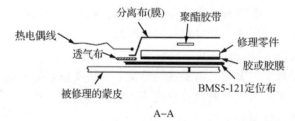

A–A

注：修理时要在最大修道零件的周围均匀布置至少4根热电偶线。

图 10.27　热电偶线的布局

（2）金属粘接修理时通常有三种施加压力的方法：真空袋加压；真空袋和热压罐加压；对于带曲度面板的修理，经常需要制作模具并辅以机械加压，如图 10.28 所示。

（3）胶膜或胶的固化时的注意事项：

①严格按照手册设置固化温度和压力等参数，参照表 10-1、表 10-2 和图 10.7、图 10.8。

②糊状胶的固化不能使用热压罐。

③蜂窝面板上施加的压力要均衡，同时在蜂窝面板上施加的总压力不能超过 25psi（170kPa）。

④严格监控固化过程。

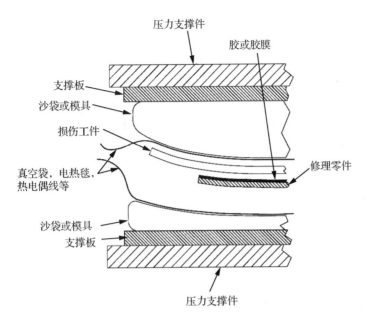

图 10.28　曲形面板上加压

## 12. 检查粘接质量

　　完成蜂窝芯塞或修理补片的粘接修理后，一般采用目视法和敲击法对粘接质量进行检查。目视检查工件与修理补片之间的胶层，查看是否有孔隙，并参考 SRM 找到最大的缺陷尺寸和限制；如果超过相应限制，则按手册采取下一步处理。采用敲击法检查修理区域和加热影响到的区域，检查的区域一般要求比电热毯大 6 ~ 8in，如图 10.29 所示。一些较大或关键区域的修理则要求使用无损探测（NDT）仪对修理区域检查。

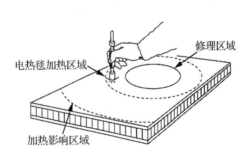

图 10.29　粘接后检查

## 13. 清洁、密封和喷漆

　　加强板的粘接完成后，要在加强板的周围涂密封胶，并使工件和加强板之间光滑过渡。整个粘接修理的最后工序就是对修理区域进行重新喷漆。

## 10.4 常见金属粘接件损伤的修理

根据金属粘接结构损伤类型的不同，大致可将金属粘接修理分为边缘脱胶的修理、小损伤的修理和大损伤的修理三种基本类型。金属粘接结构件损伤的修理工艺基本上与复合材料结构件损伤的修理工艺相同，故具体的修理工艺不再赘述。

### 10.4.1 边缘脱胶的修理

边缘脱胶修理的注意事项：
①脱胶的深度离面板的边缘要小于0.5in，并且不能进入蜂窝芯。
②脱胶的累加长度不能长于边缘总长度的30%。
③紧固件位置不允许有脱胶。
④粘接底漆要保持完好。
边缘脱胶修理举例如图10.30所示。

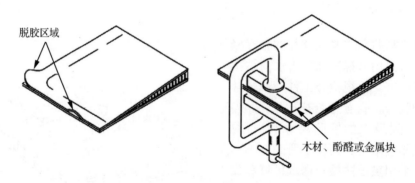

图 10.30　边缘脱胶的修理

### 10.4.2 小损伤的修理

此处的小损伤包括凹坑、刻痕、擦伤、裂纹以及蜂窝面板一面的小穿孔，同时小损伤的长度或直径要小于或等于2.0in。如果同一修理区域使用了多块修理加强板，要求每两块修理加强板的边缘要间隔至少2.0in。

## 1. 凹坑的修理

我们经常在蜂窝夹芯结构的蒙皮上发现凹坑。如果凹坑没有脱胶并在手册规定的容限内，不同厂家有不同的修理方法：道格拉斯允许用填充胶来填充凹坑；波音通常要求填充凹坑后再安装加强板，如图 10.31 所示；空客有两种方法：用填充胶来填充凹坑和注射树脂到蜂窝芯内，如图 10.32 所示。

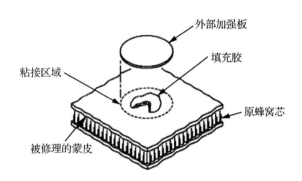

图 10.31　凹坑的修理（波音飞机）

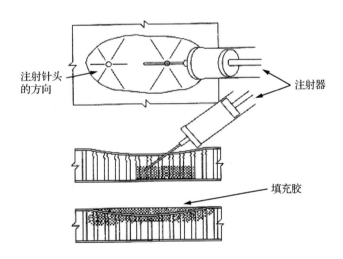

图 10.32　凹坑的修理（空客飞机）

凹坑修理的基本步骤：

（1）去除漆层并清洁修理区。

（2）制作加强板并检查加强板的配合性。

（3）表面处理修理区的粘接面和加强板。

（4）应用粘接底漆。

（5）用填充胶填充凹坑。

（6）固化填充胶。

（7）打磨填充胶使之与蒙皮平齐，并确保没有损伤粘接底漆。

（8）清洁打磨区。

（9）应用胶或胶膜。

（10）定位加强板。

（11）施加压力并固化胶或胶膜。

（12）检查粘接质量。

（13）清洁、密封和喷漆。

## 2. 刻痕、擦伤或裂纹的修理

刻痕、擦伤或裂纹的修理如图10.33所示。

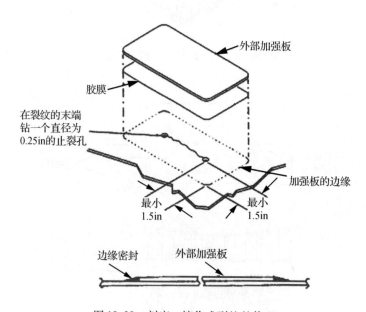

图10.33　刻痕、擦伤或裂纹的修理

## 3. 蜂窝面板一面有小穿孔的修理

（1）波音飞机

对波音飞机，当蜂窝面板一面上的小穿孔的直径小于或等于1.0in，可以用填充胶填充小孔，然后再安装外部加强板。如图10.34所示。

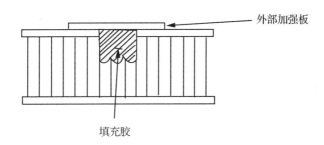

填充胶

图 10.34　一面蒙皮和蜂窝芯小穿孔损伤的修理（波音飞机）

（2）空客飞机

对空客飞机，当蜂窝面板一面上的小穿孔的直径小于或等于 2.0in，可以用填充胶填充小孔，然后再安装外部加强板。如图 10.35 所示。

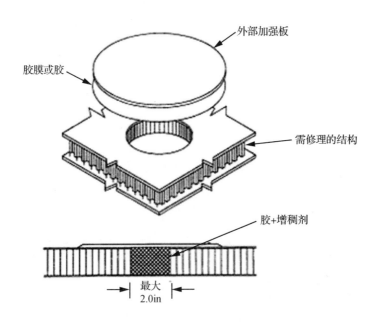

图 10.35　一面蒙皮和蜂窝芯小穿孔损伤的修理（空客飞机）

## 10.4.3　大损伤的修理

大损伤的修理是指超出修理容限的凹坑修理、裂纹修理、孔洞修理、蒙皮穿透损伤修理和脱胶修理等。当蒙皮和蜂窝芯有较大的损伤时，不同厂家修理方法稍有不同：波音通常要求更换损伤的蜂窝芯，空客和道格拉斯允许用泡沫胶膜或填充胶来修理损坏的蜂窝芯。

## 1. 非边缘位置蒙皮和蜂窝芯损伤的修理

### (1) 波音飞机

对波音飞机, 非边缘位置蒙皮和蜂窝芯损伤的修理通常有两种方法: 外补片修理法, 如图 10.36 所示; 平齐补片修理法, 如图 10.37 所示。

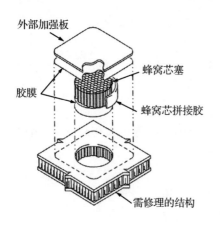

图 10.36 非边缘位置一面蒙皮和蜂窝芯损伤的外补片修理法 (波音飞机)

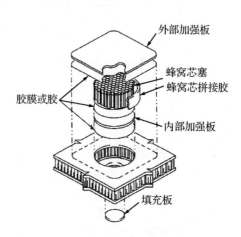

图 10.37 非边缘位置两面蒙皮和蜂窝芯损伤的平齐补片修理法 (波音飞机)

### (2) 空客飞机

对空客飞机, 大面积损伤的修理如图 10.38 所示。

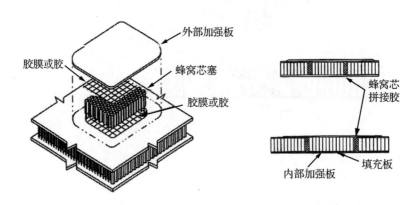

图 10.38 非边缘位置一面或两蒙皮和蜂窝芯大损伤的修理 (空客飞机)

## 2. 边缘位置蒙皮和蜂窝芯损伤的修理

边缘位置蒙皮和蜂窝芯损伤的修理, 不同厂家仅有微小的不同。

### (1) 波音飞机

　　对波音飞机，边缘位置蒙皮和蜂窝芯损伤的修理通常有两种方法：外补片修理法，如图 10.39 所示；平齐补片修理法，如图 10.40 所示。

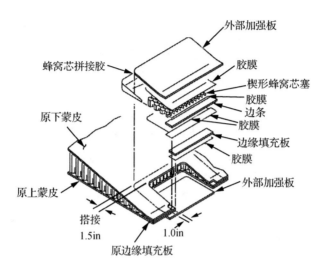

注：边条的厚度等于原边条的厚度加上上下两块加强板的厚度。

图 10.39A　金属蒙皮—金属蜂窝芯粘接结构边缘位置损伤的外补片修理法（波音飞机）

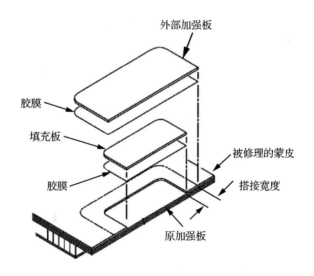

图 10.39B　金属—金属粘接结构边缘位置损伤的外补片修理法（波音飞机）

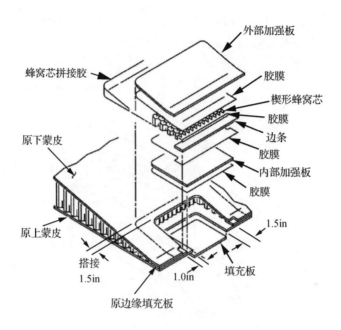

外部加强板
胶膜
楔形蜂窝芯
胶膜
边条
胶膜
内部加强板
胶膜
蜂窝芯拼接胶
原下蒙皮
原上蒙皮
搭接
1.5in
1.5in
1.0in
填充板
原边缘填充板

图 10.40　金属蒙皮—金属蜂窝芯粘接结构边缘位置损伤
的平齐补片修理法（波音飞机）

（2）空客飞机

对空客飞机，边缘位置蒙皮和蜂窝芯损伤的修理如图 10.41 所示。

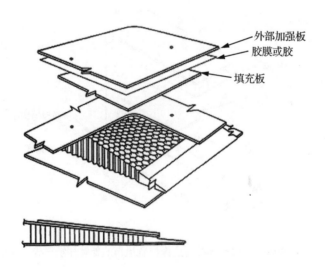

外部加强板
胶膜或胶
填充板

图 10.41　金属蒙皮—金属蜂窝芯结构边缘
位置损伤的修理（空客飞机）

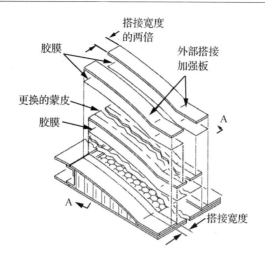

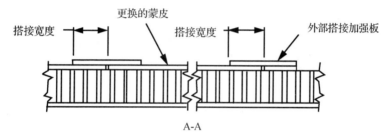

A-A

图 10.42　仅一面蒙皮损伤的修理

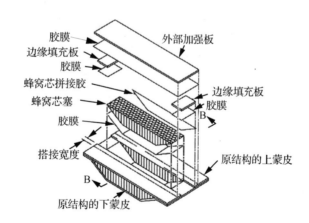

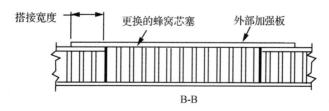

B-B

图 10.43　一面蒙皮和蜂窝芯损伤的修理（替换的蜂窝芯塞与原蒙皮平齐）

### 3. 从一个边缘到另一个边缘损伤的修理

这类修理使用加强板从面板的一个边缘到另一个边缘来更换损伤的蒙皮和进行外部加强搭接，举例如图 10.42 和图 10.43 所示。

## 10.4.4　金属粘接修理案例

本节将以波音某型飞机外侧下襟翼楔形后缘铝蒙皮—铝蜂窝芯粘接结构损伤的修理为案例，讲述金属粘接修理的主要工作流程。本案例中采用二阶（Two Stage）固化方式修理，即分两个阶段来固化蜂窝芯塞和加强板。

### 1. 损伤描述

波音某型飞机外侧下襟翼楔形后缘的外端下蒙皮和蜂窝芯脱胶，蜂窝芯进水、腐蚀，上、下蒙皮有腐蚀。如图 10.44 所示。

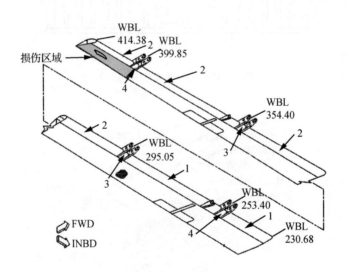

图 10.44　楔形后缘的外端有损伤的波音某型飞机机翼外侧下襟翼

### 2. 第一阶（Stage 1）修理—安装蜂窝芯塞和下蒙皮

芯塞和下蒙皮安装的步骤，如表 10-14 所示。

表 10-14　第一阶（Stage 1）修理—蜂窝芯和下蒙皮的安装

| 步骤 | 内容 | 工具和材料 | 标准 |
|---|---|---|---|
| 1 | 确定并标出损伤的范围 | 敲击棒或其他敲击工具 | 沿着损伤区域的平滑规则的边线 |
| 2 | 用铝箔胶带将修理加强板要粘接的区域和需要去除漆层的区域保护好 | 尺子、圆形模板、铝箔胶带、标记笔 | 表面准备区域和需去除漆层的区域要用铝箔胶带保护好 |
| 3 | 去除漆层 | 褪漆水、百洁布、180 目或更细的氧化铝砂纸 | 粘接区域内所有漆都需去除掉，并且不能伤及蒙皮或者污染到蜂窝芯 |
| 4 | 去除损伤/脱胶的上、下蒙皮 | 镂铣机、模板、孔锯或高速打磨器及螺丝刀 | 损伤范围外的蒙皮没有损伤、形状规则，未损伤的结构不需去除 |
| 5 | 去除损伤的蜂窝芯及蒙皮处的填充胶<br>注：切割后的状态如图 10.45 所示 | 螺丝刀和铣刀 | 所有的蜂窝芯要去除干净，不要损伤到胶膜下的另一侧蒙皮 |
| 6 | 清洁待修理区域 | 吸尘机、压缩空气、手套、不起毛的擦布和清洁剂 | 蜂窝芯内的所有灰尘及污染都要去除干净 |
| 7 | 确定修理方法：本修理采用电热毯和真空袋法，并制作模具和辅以机械加压 | 模具、夹具等 | 参考表 10-9 |
| 8 | 依据下蒙皮厚度和挖孔的尺寸，确定补片的外形及数量 | 游标卡尺或千分尺 | 按照 SRM 手册选择所需的补片尺寸、厚度和数量，参考表 10-11，表 10-12，表 10-13 |
| 9 | 制作下蒙皮的修理补片 | 游标卡尺或千分尺 | 按照 SRM 手册选择所需的补片尺寸、厚度和数量，参考表 10-11，表 10-12，表 10-13 |
| 10 | 制作蜂窝芯塞，并临时置入孔内 | 切割刀、带锯、双面胶带、金属板及加热枪 | 蜂窝芯塞要高出 0.1in 且留有 0.05in 的间隙，所有污染物需去除 |
| 11 | 干燥修理区域 | 电热毯或烘箱 | 所有水分需去除，并需符合 SRM 手册的干燥时间和温度要求 |
| 12 | 准备好胶膜及泡沫胶膜 | 切割刀、剪刀、胶膜、泡沫胶膜、铝板和手套 | 胶膜和预浸料应与损伤尺寸相同，泡沫胶要比蜂窝塞高出 0.1in |
| 13 | 安装蜂窝芯塞和下蒙皮 | 模具、分离膜、手套 | 蜂窝芯塞要完全置入孔内，泡沫胶膜周围不能有间隙，蜂窝芯条方向正确 |

续表

| 步骤 | 内容 | 工具和材料 | 标准 |
|---|---|---|---|
| 14 | 安装真空袋 | 有孔分离膜、干的剥离层、无孔分离膜、真空袋薄膜、热电偶线、电热毯、真空封严胶条等 | 按照正确顺序布置材料，真空袋不能漏气 |
| 15 | 固化修理 | 热粘接控制仪或烘箱 | 必须满足250℉预浸料电热毯加热的固化工艺要求 |
| 16 | 检查粘接质量 | 敲击检查工具或超声波检测设备 | 标记发现的任何缺陷，视情返工 |
| 17 | 打磨蜂窝芯至与周边平齐<br>注：安装了蜂窝芯塞和下蒙皮的状态如图10.46所示 | 用120目或更细的2寸打磨片、280目或更细的砂纸、打磨器和铝箔胶带 | 蜂窝芯磨平，不能变形，多余的胶要全部去除，打磨时周围区域要用铝箔胶带保护好 |

图10.45　去除了损伤的上、下蒙皮和蜂窝芯的波音某型飞机机翼外侧下襟翼

图10.46　安装了蜂窝芯塞的波音某型飞机机翼外侧下襟翼

## 3. 第二阶（Stage 2）修理—安装上蒙皮

表面处理采用 PANTA 法时，上蒙皮安装的步骤，如表 10-15 所示。

**表 10-15　第二阶（Stage2）修理—安装上蒙皮**

| 步骤 | 内容 | 工具和材料 | 标准 |
|---|---|---|---|
| 1 | 依据上蒙皮厚度和挖孔的尺寸，确定补片的外形及数量 | 游标卡尺或千分尺 | 按照 SRM 手册选择所需的补片尺寸、厚度和数量，参考表 10-11，表 10-12，表 10-13 |
| 2 | 制作补片，粘贴胶膜 | 小刀、铁皮剪刀、圆形模具、胶膜、刨边器、锉刀和铝板 | 安装补片时用手轻压，防止移位 |
| 3 | 清洁修理区域 | 吸尘机、压缩空气、手套、不起毛的擦布和清洁剂 | 去除掉所有的污染物 |
| 4 | 用铝箔胶带保护蜂窝芯，倾斜放置工件以免杂质进入修理处的蜂窝芯 | 铝箔胶带、聚酯薄膜、5gal 的塑料容器 | 铝箔胶带要比蜂窝芯大 0.04 ~ 0.08in，周围要保护好，让污染物流入桶内 |
| 5 | 用百洁布打磨表面并进行水膜破裂测试 | 百洁布、180 目或更细的氧化铝砂纸、去离子水、5gal 容器 | 形成连续的水膜至少 30s |
| 6 | 制作不锈钢网 | 18 号不锈钢网（0.04in 直径、300 系列不锈钢），铁皮剪刀 | 不锈钢网要比磷酸阳极化区大 0.25 寸 |
| 7 | 准备表面，并涂上较厚的一层酸液 | 微球、塑料搅拌器、毛刷、12% 浓度的磷酸、网垫 | 均匀地涂上酸液，要完全覆盖每一层纱网（至少 3 层） |
| 8 | 做磷酸阳极化表面处理 | 电源线、两节 6V 干电池或直流电源 | 阳极化时间为 10 ~ 12min，如发现有水泡跳动，表明反应正在进行 |
| 9 | 拆除阳极化装置，漂洗表面 | 5gal 容器、聚酯薄膜、去离子水 | 漂洗 5 ~ 15min，然后用蓝色石蕊试纸检查其酸值 |
| 10 | 用偏光镜检查阳极化的表面 | 偏光镜、荧光灯 | 偏光镜上显示的色谱为浅绿、紫色或黄色 |
| 11 | 应用粘接底漆并空干 | 粘接底漆或 SRM 提供的替代物，口罩，通风场所 | 所有金属需悬挂，涂层厚度为 0.00015 ~ 0.0004in |
| 12 | 应用胶膜、定位布并安装补片 | 胶膜、定位布及修理补片 | 定位布应放置在胶膜的下面，安装补片时用手轻压，防止移位 |
| 13 | 固化修理 注：上、下蒙皮安装好的状态如图 10.47 | 热粘接控制仪、电热毯、热电偶线、辅助材料 | 250℉固化的预浸料修理必须满足固化工艺要求 |

续表

| 步骤 | 内容 | 工具和材料 | 标准 |
|------|------|-----------|------|
| 14 | 检查粘接质量 | 敲击检查工具或超声波检测设备 | 标记发现的任何缺陷，视情返工 |
| 15 | 清洁、补片边缘密封 | 清洁剂、密封胶 | 粘接面的周围密封好并平滑过渡 |

图 10.47  安装了上、下蒙皮的波音某型飞机机翼外侧下襟翼

**复习思考题**

10.1  B777-200 飞机上哪些部位应用了 250℉ 固化工艺的铝蒙皮—铝蜂窝夹芯粘接结构？哪些部位应用了 350℉ 固化工艺的铝蒙皮—铝蜂窝夹芯粘接结构？

10.2  飞机维护过程中，常见的金属粘接结构件的损伤类型有哪些？

10.3  金属粘接修理中常用的胶材包括哪些种类？各举两例。

10.4  件号为 BMS 4-4，Type 3-10，Class NPA，Grade II，Form B 的铝蜂窝芯各代码表示什么意义？

10.5  如果用二阶固化法来修理蒙皮和蜂窝芯都损伤的铝蒙皮—铝蜂窝夹芯结构，试描述其修理的主要工艺流程。

10.6  现有一个直径为 7in 的损伤，请描述如何根据表 10-8 来确定修理方法。

10.7  去除铝蒙皮—铝蜂窝夹芯结构中的水分时应注意哪些事项？

10.8  金属粘接修理包括哪几种主要的表面处理方法？PANTA、PACS 是两种常用的磷酸阳极化方法，它们的英文和中文如何书写？

10.9  金属粘接修理中需要用到粘接底漆时，应该注意哪些事项？

10.10   试述凹坑修理的基本步骤。

# 第 11 章　飞机其他非金属件的修理

从前面我们知道飞机上复合材料结构件主要由纤维、树脂与夹芯组成，由于这些原材料与金属相比从外形和性能上都有着很大的不同，因此，也常有人把复合材料结构件称为非金属件，前面已进行了详细介绍。这里主要介绍飞机上另外一些非金属零部件，它们由塑料或橡胶制成，主要应用于飞机内部装饰件。譬如客舱的窗户遮光板、餐桌托板、马桶罩、空调总管压条/分支管、座椅手扶板，货舱的导线槽，电子舱的三通管等。

## 11.1　塑料零构件的修理

塑料是以高分子化合物为主制成的一种人造材料，由树脂、增塑剂、填料和颜料等组成。其中主要成分是树脂，它是起粘接作用的基体，约占塑料质量的 40% ~ 100%。塑料的优点是比重小、耐磨、绝缘、隔音，在一定温度和压力下具有塑性，容易做成所需要的各种形状，成形之后，在常温下保持形状不变。它的不足之处是耐热性差，机械性能不如金属材料。图 11.1 为飞机上常见的塑料件：A 图为水管护槽；B 图为驾驶舱装饰面板；C 图为客舱玻璃遮光板。

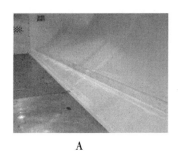

A　　　　　　　　　　　B　　　　　　　　　　　C

图 11.1　常见的塑料件

## 11.1.1　塑料的类型

塑料分为热塑性塑料和热固性塑料两大类。

1. 热塑性塑料

热塑性塑料受热时会变软并变柔韧，这时可进行模压成型。当它冷却后，会保持已成型的形状。只要不超过规定的加热范围，这个过程可重复多次而不会使材料受到损坏。

2. 热固性塑料

热固性塑料一旦被模压成型并冷却后，再怎样加热也不会使它变柔软，也不能再加工成其他形状。也就是说，一旦成型，它就只能保持这个形状，直到破坏。

## 11.1.2　飞机上几种常见塑料

1. 酚醛塑料

酚醛塑料又称为胶木，是一种以酚醛树脂为主要成分的热固性塑料。酚醛树脂具有低起烟性和低易燃性、耐高温，酚醛树脂部件需要热模制造。在酚醛塑料中，除了酚醛树脂、固化剂外，还用木粉、纸、布等充当填料。

航空上常用的酚醛塑料有木粉胶木、夹纸胶木、夹玻璃布胶木和石棉胶木等。这几种胶木具有比较大的强度、良好的绝缘性，并不易受溶剂的侵蚀。在飞机上用来制造齿轮、滑轮、雷达罩、整流罩以及电气设备上的绝缘零件等。石棉胶木还有很好的耐热性、耐磨性和很大的摩擦系数，常用来制造刹车片、摩擦盘等零件。

2. 环氧树脂塑料

环氧树脂塑料是以环氧树脂为主制成的一种热固性塑料。环氧树脂塑料的特点是强度高、绝缘性好、不易受溶剂的侵蚀、成型收缩率小、耐湿热性差。在飞机上主要用作树脂基玻璃纤维复合材料的基体材料。

环氧树脂具有良好的粘合力，它能将金属、木材、玻璃纤维等牢固地粘接在一起，是一种很好的粘合剂。

3. 有机玻璃

航空用的有机玻璃材料又叫做明胶玻璃，它是飞机上应用较多的一种透明热塑性塑料，常用来制造飞机驾驶舱和客舱风挡玻璃件、灯罩。这些透明件的安全可靠性直接影响到飞机的使用和安全，是飞机上的关键部件。

（1）有机玻璃材料
用于飞机风挡和机身两侧窗口的透明塑料有两种：一种是醋酸纤维素，另一种是丙烯酸塑料。它们都属于热塑性塑料。

　　醋酸纤维素由于重量轻、透光性能好，早期飞机上多用它来制作透明件。但由于它的制成件尺寸不稳定，使用一段时间后会变黄，后来逐渐被丙烯酸塑料代替。

　　目前，航空用的有机玻璃材料大多采用丙烯酸塑料。它是由聚甲基丙烯酸甲酯和增塑剂组成的，不含有填料。由它制成的构件尺寸比较稳定，刚度大大高于醋酸纤维素，透光性能好，边缘的颜色几乎是无色透明的。

　　（2）有机玻璃的性能

　　对飞机有机玻璃材料的性能要求有以下几点：

　　①透明性。飞机透明塑料材料应具有与优质玻璃一样好的透光性能，这对于用作飞机风挡玻璃和窗口玻璃的透明塑料材料来说非常重要。

　　②热膨胀系数小，热稳定性好。在飞机使用过程中，透明件要承受地面上的严寒气候和在高空低速巡航时的低温作用，也要承受地面太阳辐射和低空高速飞行中气动加热造成的高温作用，同时还要承受由于下降、爬升、加速和减速造成的瞬时温度的急剧变化。因此，飞机透明塑料材料的热膨胀系数必须小于技术条件要求的规定值，以保证透明材料制件尺寸的稳定性。

　　热稳定性是保证透明塑料在温度变化时，不产生气泡、银纹或其他因热稳定性不好而产生的缺陷。

　　③良好的成形性。风挡玻璃和窗口玻璃都是机体的外表面，应保持与机体外形相吻合的流线形，特别是风挡玻璃的形状更为复杂。因此，飞机透明塑料材料应满足技术条件中对成形性的要求，能容易地模压成所需要的流线形，并且不能有任何透明失真的现象。

　　④具有一定的拉伸强度和延伸率。在使用过程中，透明件要承受局部气动载荷和鸟撞产生的冲击载荷，所以，飞机透明塑料材料的拉伸强度不应低于技术条件中的要求值；而且，在断裂前延伸率不能低于要求值。

　　⑤便于维护和修理。在飞机上使用的透明塑料——醋酸纤维素和丙烯酸塑料基本能满足以上要求，特别是丙烯酸塑料透光性更好，制件的尺寸稳定性也比醋酸纤维素要好，强度和延伸率也满足要求，并能容易地模压成所需要的流线形，不产生透明失真的现象。

　　有机玻璃还具有一些比玻璃好的特性：透明塑料被打破后，会产生大而钝边的碎片，比玻璃安全；它们具有较低的吸水能力，而且振动不容易在透明塑料中引起疲劳裂纹。

　　有机玻璃也有一些不足之处：首先，它没有玻璃硬，表面极容易擦伤、划伤，以致影响视线。它不导电，受摩擦后，会变成高静电体。有机玻璃在常温下为玻璃态，强度、硬度较大，塑性较小。温度的升高不仅使有机玻璃的强度、硬度降低，还会使分子发生裂变。裂变后会在玻璃表面鼓胀起泡，颜色变白，通常把这种现象称为"发雾"。"发雾"会使玻璃的透明度大大下降。有机玻璃的导热性差，膨胀系数大，不均匀受热时，会在表面和内部之间引起热应力，并在表面生成裂纹。这些裂纹很细小，呈现银白色光泽，也称做"银纹"。当温度降低时，有机玻璃的强度和硬度增大，脆性也增大。

## 11.1.3　修理实例

在这里主要介绍两种塑料件的修理：波音飞机客舱窗玻璃表面缺陷的修理和内部装饰塑料件的修理。

### 1. 波音飞机客舱窗玻璃表面缺陷的修理

波音飞机客舱窗玻璃由外层玻璃、中层玻璃和封严条组成，如图 11.2 所示。玻璃表面的缺陷有龟裂、划痕及崩口等。这些缺陷都可通过打磨的方法去除。首先，检查确认玻璃的缺陷修理后，玻璃厚度能满足要求；用胶纸保护好玻璃不需修理的那一面；然后，用水冲洗玻璃，并用手去除玻璃表面的杂质。

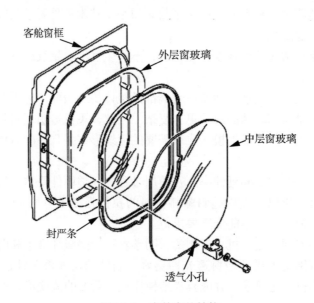

图 11.2　客舱窗的结构

客舱窗玻璃的修理主要分为以下几个步骤：

（1）去除缺陷。根据缺陷的深浅，选用合适的砂纸，去除玻璃表面的划痕等缺陷。通常选用 100～600 号的砂纸打磨。打磨过程中必须连续冲水，以冲洗磨料、杂质并保持玻璃低温。打磨时，先垂直打磨一遍，再水平打磨一遍，重复该过程直至缺陷去除，玻璃表面平整，然后再继续打磨几分钟以保证缺陷完全去除。

（2）抛光除痕。选用较细的砂纸去除上一步打磨产生的磨痕，用一系列逐渐变细的砂纸打磨除痕。例如，可以采用如下粒度号的砂纸顺序：100 号→180 号→240 号→500 号→1000 号→2000 号→4000 号→8000 号。打磨时也是垂直打磨一遍，再水平打磨一遍，重复该过程直至上一步磨痕消失，然后换更细的砂纸打磨，通常最后一步使用 4000 号或更细的砂纸。打磨过程中也必须连续冲水。

（3）精抛光。在玻璃表面涂抹抛光膏，用干净的棉布进行抛光，也可以用抛光器进行抛光。用抛光器抛光时，通常表面速度不能超过 3200FPM（ft/min）。抛光后，需要检查玻璃的光学性能，如果发生光学变形等现象，必须重新打磨玻璃，直至光学性能满足要求。

（4）尺寸检查。检查玻璃的相关尺寸是否满足要求。如果厚度不满足要求，该玻璃就不能使用。如果用光学微分尺测量，需将测得的读数乘以丙烯酸玻璃的折射率 1.49，最后的结果才是玻璃的真正厚度。

### 2. 内部装饰塑料件修理

由于塑料具有比重小、绝缘性好且容易成形等特点，因此飞机内部驾驶舱和客舱表面装饰板大部分都是由塑料制成，这些面板一般只作装饰性用途而并不参与结构受力。这些面板常见的损伤形式是裂纹和凿槽。损伤范围要求不大于 $100in^2$。对这些损伤，通常采用 EE1067/HY3561 塑料胶和 BMS 9-3 玻璃纤维布来修理。

（1）裂纹修理的步骤

①在裂纹两个末端各钻 1/16in 的止裂孔，如图 11.3 所示。

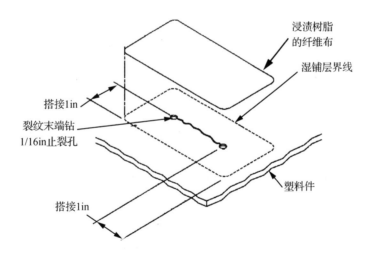

图 11.3　塑料修理示意图

②用金属刀片去除裂纹区域的材料，直到裂纹宽度大概等于工件的厚度。
③准备修理表面，用砂纸打磨直到表面粗糙，然后用 TT-N-95 溶剂清洁。
④混合塑料胶 EE1067/HY3561，并填充裂纹空隙。
⑤等待塑料胶固化变硬，固化后打磨平整。
⑥用 EE1067/HY3561 塑料胶浸渍 BMS 9-3 玻璃纤维布。

⑦在修理区域铺贴预先浸渍了塑料胶的 BMS 9-3 玻璃纤维布以加强修理。

注意：为了保证外观平整，尽量在非装饰面（内表面）铺层；纤维布的厚度要不小于裂纹区域工件的厚度，如单层纤维布厚度达不到，可采用逐层缩进 0.5in 搭接的方法达到这一厚度。

⑧胶固化后用砂纸打磨平滑修理表面。

（2）凿槽修理的步骤

①首先把凿槽区域用砂纸打磨平滑，如果打磨后外形还不够理想，就用 EE1067/HY3561 塑料胶填充并在固化后打磨平整，然后用 TT-N-95 溶剂清洁。

②用 EE1067/HY3561 塑料胶浸渍 BMS 9-3 玻璃纤维布。

③在修理区域铺贴预先浸渍了塑料胶的 BMS 9-3 玻璃纤维布以加强修理。

④胶固化后用砂纸打磨平滑修理表面。

⑤如果飞机内部装饰塑料件损伤面积超过了 $100in^2$，则直接更换。

# 11.2　橡胶零构件的修理

## 11.2.1　橡胶的种类

橡胶按其来源可分为天然橡胶和合成橡胶两类。天然橡胶主要是从橡胶树等植物中取得的。合成橡胶是用煤、石油、天然气等为原料合成的。

### 1. 天然橡胶

天然橡胶有良好的弹性、绝缘性和密封性。但它的弹性受温度的影响很大，温度升高，会使它的塑性变形部分增大，逐渐失去弹性变成塑性物质；温度过低，也会使它变硬、变脆。另外，它的强度小，在煤油、汽油中易溶胀和溶解，还容易老化。所以，天然橡胶不适合直接用来制造零件，主要用做制造橡皮的原料。

### 2. 合成橡胶

合成橡胶是用化学方法，把低分子化合物聚合而制成的一种高分子化合物。它不仅弥补了天然橡胶的不足，而且还具有天然橡胶所没有的特性，例如在矿物油中不溶解或不易老化等，所以，合成橡胶在航空工业中得到广泛的应用。

合成橡胶有很多种，比如：丁苯橡胶性质与天然橡胶接近，所有用天然橡胶制作的零件都可以用它来制造；丁腈橡胶在汽油、煤油中非常稳定，不会溶解；氯丁橡胶强度较大，不易老化，也不溶于矿物油中等等。

## 11.2.2　橡皮材料

在飞机中使用的橡胶制品，很少直接采用橡胶，绝大多数都是橡皮做成的。橡皮的主要原料是橡胶，为了改善橡胶的性质又加入了如硫化剂、防老剂、增加剂等各种配合剂。橡胶和各种配合剂的均匀混合物叫做生橡皮，再经过一定时间的加温和加压就成为橡皮。橡皮的性质主要决定于橡胶的种类，例如天然橡胶制造的橡皮仍不耐油，而丁腈橡胶、氯丁橡胶制造的橡皮就很耐油。

橡皮材料的性质比橡胶有很大改善，它除了具有良好的绝缘性和密封性外，还能在很大的温度范围内保持弹性。同时它的强度和抵抗老化的能力也有所提高，在汽油、煤油等溶剂中不会溶解。

## 11.2.3　橡胶制品

橡皮材料广泛应用于飞机上，天然橡胶制造的橡皮可用来制造飞机的轮胎，飞机冷气系统中的软管，与植物基液压油配合使用的密封件、软导管等。丁腈橡胶或氯丁橡胶制造的橡皮可用来制造耐油制品，比如与矿物油接触的各种零件、密封件、软油箱、软导管等。氯丁橡胶的粘性大，还可用来制作胶粘剂，用来粘合橡皮和金属等。图 11.4 为飞机上常见的橡胶件：A 图为空客 320 飞机集气室红色橡胶封圈；B 图为 B737 飞机缝翼封严条；C 图为客舱空调软管。

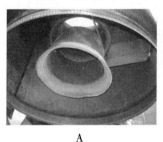  

A　　　　　　　　　　B　　　　　　　　　　C

图 11.4　常见的橡胶件

## 11.2.4　外界因素对橡胶制品性能的影响

### 1. 温度的影响

温度对橡胶制品的影响主要是使橡皮的柔顺性发生变化并使橡皮的老化速度加快。在维护橡胶制品时，要防止它们的温度过高，储存时要远离热源，放在较阴凉的地方。对于工作中容易受到高温的橡胶制品，如轮胎等，应加强检查，尽量避免连续不断地使用刹车。当温度很低时，应注意检查使用橡胶垫的密封处是否有渗漏现象。对于用丁腈橡胶制作的油箱，拆装时应进行加温等。

## 2. 日光的影响

橡胶制品长时间受到日光直接照射，会加速老化：强度变小，透气性增大，表面硬化，变形时出现裂纹。因此，维护工作中应尽量避免橡胶制品受到阳光的直接照射，待用的或拆下的橡胶零件要放在阴凉处，飞机停放时要盖好轮胎罩布等。

## 3. 外力的影响

外力会使橡皮变形而加速橡皮的老化。安装有内胎的轮胎时，要防止内胎出现折痕。如果在内胎上出现折痕，容易在折痕处发生爆破。保管内胎和其他橡胶制品时，一般不允许折叠或叠压。安装橡皮导管时，应防止导管的弯曲角度过大。长期停放的飞机，要经常变动轮胎的位置，以免轮胎因受压过久而产生变形和裂纹。进行维护工作时，应注意检查轮胎的充气压力是否符合要求：压力过低，会使轮胎在滑行时反复变形严重，胎内的空气运动速度加大，从而产生较多的热量使轮胎产生鼓包、脱层和爆胎等现象；压力过高，会使轮胎的负荷加大，减少轮胎的寿命。另外，轮胎的减震性能变差，降低刹车的效果并产生不均匀的磨损。

## 4. 溶剂的影响

汽油、煤油等溶剂会使橡皮分子间的距离加大而造成橡胶制品的溶胀，弹性和强度下降。不同橡皮材料制成的橡胶制品具有不同的抗油性。例如，在汽油、煤油中，天然橡胶的溶胀率最高，丁腈橡胶的溶胀率较低。在维护工作中，应严格按规定使用密封件、软导管等各种橡皮制件，不能任意调换。

## 11.2.5  橡胶件的修理

这里介绍两个橡胶封严修理的例子：波音某型飞机的 GE90 发动机反推包皮防火封严的修理和空客某型飞机货舱门封严的修理。

### 1. 波音某型飞机的 GE90 发动机反推包皮防火封严橡胶件的修理

GE90 发动机反推包皮防火封严橡胶件，如图 11.5 所示。GE90 发动机反推包皮防火封严橡胶件的主要损伤类型有：磨损、裂纹和撕裂。要求去除损伤不小于 3in。采用的修理材料是无裂纹、磨损等损伤的旧封严条和硅胶 RTV106。

图 11.5  封严示意图

具体修理步骤如下：

（1）确定防火封严的损伤范围并用非金属切片将防火封严条损伤的部分切除，要求最小切除长度为 3in；

（2）从回收的、无损伤的旧封严条上切下一段长度与步骤（1）损伤切除长度相同的封严条作为封严条修理件（更换件）；

（3）再从回收旧封严条上切两段 3in 长的封严条，然后，将其底座部分切除，如图 11.6 所示，分别制作成两个封严修理塞子；

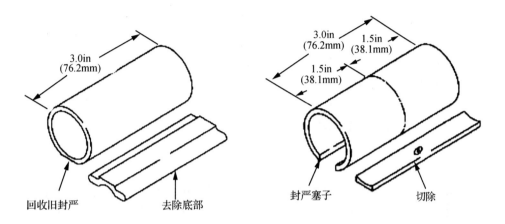

图 11.6　制作封严修理塞子

（4）清洁暴露位置的安装座；

（5）用 180 号或 240 号砂纸打磨粗糙原安装封严的切口并清洁；

（6）用 180 号或 240 号砂纸打磨粗糙封严更换件的内表面并清洁；

（7）用 180 号或 240 号砂纸打磨粗糙封严修理塞子的外表面并清洁；

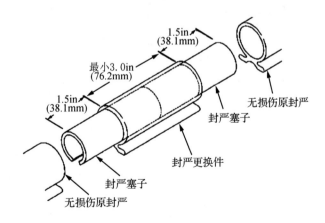

图 11.7　封严安装示意图

（8）在修理塞子外表和封严更换件内表涂一层 RTV106 红色高温胶，然后，将两个封严塞子分别从封严更换件的两端插入，再安装到原封严条上，如图 11.7 所示。

## 2. 空客某型飞机货舱门封严条修理

这里主要介绍空客飞机货舱门橡胶封严条的擦伤、小切口、穿孔和严重损伤的修理方法。

（1）擦伤的修理步骤

①用细砂纸打磨擦伤区域并清洁；

②擦伤区域涂一层代码08-004的硅胶。

（2）小切口和穿孔的修理步骤

①切口两末端钻直径0.08in止裂孔，如图11.8所示；

②用细砂纸打磨修理区域并清洁；

③根据修理的面积尺寸，裁减一块代码05-024的薄纱补片；

④涂一层代码08-004或08-026的硅胶在修理区域并填充止裂孔；

⑤将薄纱补片贴合在修理区域并加压固化24h；

⑥用细砂纸打磨修理表面。

修理限制：切口长度不超过1in；小穿孔小于0.25in，且小穿孔之间距离必须大于1in，7.87in长度内的封严不能有超过3个小穿孔；这些条件都不满足就参考下面的严重损伤来修理。

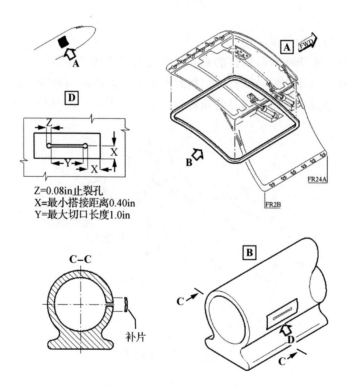

图11.8 货舱门小切口修理示意图

（3）严重损伤的修理步骤（见图 11.9）

①去除损伤部分封严。

注意：去除封严的最小长度为 7.87in，且切口要距离膨胀孔至少 1.97in。

②根据去除部分的封严长度制作封严更换件。

注意：封严更换件的膨胀孔数量要与去除部分一致。

③去除原无损伤封严和更换件距离端口 1in 的最外一层薄纱。

④用细砂纸打磨修理区域并清洁。

⑤在原封严和更换件端口涂上代码 08-004 或 08-026 的硅胶，并把封严更换件与原封严对接并保持住让硅胶固化几分钟。

注意：对接时膨胀孔位置与原封严膨胀孔一致。

⑥根据修理面积尺寸，裁减一块代码 05-024 的薄纱补片。

⑦涂一层代码 08-004 或 08-026 的硅胶在修理区域。

⑧修理区域一周缠绕薄纱补片并加压固化 24h。

⑨用细砂纸打磨修理表面。

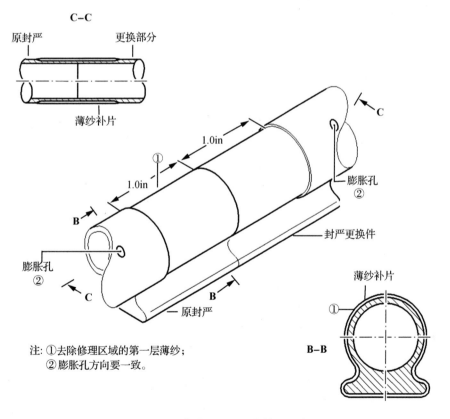

图 11.9　货舱门严重损伤修理示意图

**复习思考题**

11.1　民用飞机上哪些零部件是塑料件？

11.2　民用飞机上哪些零部件是橡胶件？

11.3　客舱窗玻璃修理主要有哪几个步骤？

11.4　装饰塑料件裂纹修理钻止裂孔的大小为多少？

11.5　波音飞机修理塑料件的常用树脂是什么件号？

11.6　GE90 发动机反推包皮防火封严修理可采用无裂纹、磨损等损伤的旧封严条做修理材料吗？

# 附录 单位换算表

| 类型 | 法定计量单位 | 英制单位 | 换算系数 |
|---|---|---|---|
| 长度 | 米（m） | 英寸（in）<br>英尺（ft）<br>码（yd）<br>密耳（mil） | $1in = 0.0254m$<br>$1ft = 0.3048m$<br>$1yd = 0.9144m$<br>$1mil = 10^{-3}in = 25.4 \times 10^{-6} m$ |
| 面积 | 平方米（m²） | 平方英寸（in²）<br>平方英尺（ft²） | $1in^2 = 6.4516 \times 10^{-4} m^2$<br>$1ft^2 = 0.0929 m^2$ |
| 体积 | 立方米<br>升 | 立方英寸<br>英加仑<br>美加仑 | $1in^3 = 1.639 \times 10^{-2} L$<br>$= 1.639 \times 10^{-5} m^3$<br>$1UKgal = 4.546 L$<br>$1USgal = 3.785 L$ |
| 质量 | 千克（kg）<br>克（g） | 磅（lb）<br>盎司（oz） | $1lb = 0.4536kg$<br>$1oz = 28.3495g$ |
| 密度 | 千克每立方米（kg/m³） | 磅每立方英寸（lb/in³）<br>磅每立方英尺（lb/ft³） | $1lb/in^3 = 27680 kg/m^3$<br>$1lb/ft^3 = 16.0 kg/m^3$ |
| 力 | 牛顿（N） | 磅力（lbf） | $1lbf = 4.448N$ |
| 压力 | 帕（Pa）<br>兆帕（MPa）<br>吉帕（GPa） | 磅每平方英寸（psi）<br>英寸汞柱（in-Hg） | $1psi = 6894.76Pa$<br>$1in-Hg = 3386.4Pa$ |
| 功 | 焦耳（J） | 英尺磅力（ft. lbf） | $1 ft. lbf = 1.356 J = 1.356N \cdot m$ |
| 温度 | 摄氏度（℃） | 华氏度（℉） | $1 ℉ = (5/9)℃$ |

# 参考文献

[1] 陈绍杰. 复合材料结构修理指南. 北京：航空工业出版社，2001.6
[2] 杨乃宾，章怡宁. 复合材料飞机结构设计. 北京：航空工业出版社，2002.5
[3] 冯小明，张崇才. 复合材料. 重庆：重庆大学出版社，2007.9
[4] 陈烈民，杨宝宁. 复合材料的力学分析. 北京：中国科学技术出版社，2006.9
[5] 段宝，高压水切割技术. 沈阳航空工业学院学报，1994.6
[6] 田秀云，杜洪增. 复合材料结构及维修. 北京：中国民航出版社，1996.7
[7] 陈祥宝. 复合材料结构损伤修理. 北京：化学工业出版社，2002.8
[8] 乔新. 波音飞机复合材料结构修理教程. 北京：中国民航出版社，1996.11
[9] 黄传奇. 空中客车及麦道飞机复合材料结构的修理. 北京：中国民航出版社，1996.11
[10] Cindy Foreman. Advanced Composites. Jeppesen Sanderson, Inc., Upper Saddle River, New Jersey, 2004
[11] Keith B. Armstrong, Richard T. Barrett. Care and Repair of Advanced Composites. Society of Automotive Engineers, Inc. Warrendale, Pa. 15096 – 0001 U. S. A. 1998